PRÉCIS

D'OPHTALMOSCOPIE VÉTÉRINAIRE

LIBRAIRIE J.-B. BAILLIÈRE ET FILS

GALEZOWSKI (X.). — **Traité iconographique d'ophtalmoscopie**, comprenant la description des différents ophtalmoscopes, l'exploration des membranes internes de l'œil et le diagnostic des affections cérébrales et constitutionnelles. 2e *édition*, 1886, 1 vol. gr. in-8 de 355 pages, avec 52 figures, accompagné d'un atlas de 28 planches chromolithographiées contenant 145 fig., cart. 35 fr

HAAB. — **Atlas manuel d'ophtalmoscopie**, par le professeur Haab, directeur de la clinique ophtalmologique de l'Université de Zurich, édition française, par le Dr Terson, chef de clinique ophtalmologique à l'Hôtel-Dieu. 1897, 1 vol. in-16 de 250 pages, avec 64 planches coloriées, cartonné.................... 12 fr.

CAGNY (P.). — **Formulaire des Vétérinaires praticiens**, comprenant environ 1500 formules et rédigé d'après les nouvelles méthodes thérapeutiques, par Paul Cagny, vétérinaire, membre de la Société centrale de médecine vétérinaire de Londres, etc. 1897, 1 vol. in-18 de 332 pages, cartonné...................... 3 fr.

— **Précis de thérapeutique, de matière médicale et de pharmacie vétérinaires**. Préface par M. Peuch, professeur à l'École vétérinaire de Lyon. 1892, 1 vol. in-18 jés. de 666 pages, avec 106 fig., cart.. 8 fr.

CORNEVIN (Ch.). — **Traité de zootechnie générale**, par Ch. Cornevin, professeur à l'École vétérinaire de Lyon. 1891, 1 vol. gr. in-8 de 1 088 pages, avec 204 figures...................... 22 fr.

DUPONT (M.-P.). — **L'Age du cheval** et des principaux animaux domestiques, âne, mulet, bœuf, mouton, chèvre, chien, porc et oiseaux, par M. Dupont, professeur à l'École d'agriculture de l'Aisne. 1893, 1 vol. in-16 de 186 p. avec 36 pl. dont 30 col. 6 fr.

SIGNOL. — **Aide-mémoire du vétérinaire**. Médecine, chirurgie, obstétrique, formules, police sanitaire et jurisprudence commerciale, par M. Signol, membre de l'Académie de médecine et de la Société centrale vétérinaire de Paris. 2e *édition revue et augmentée*, 1894, 1 vol. in-18 jésus de 648 pages avec 411 fig., cart.. 7 fr.

9557-97. — Corbeil. Imprimerie Éd. Crété.

PRÉCIS D'OPHTALMOSCOPIE VÉTÉRINAIRE

PAR

E. NICOLAS
Vétérinaire en 2e au 6e Hussards
Docteur en médecine.

ET

C. FROMAGET
Ancien chef de clinique ophtalmologique
à la Faculté de médecine de Bordeaux.

OUVRAGE ACCOMPAGNÉ

DE NEUF PLANCHES CHROMOLITHOGRAPHIÉES

et vingt-cinq figures intercalées dans le texte.

PARIS
LIBRAIRIE J.-B. BAILLIÈRE ET FILS
19, rue Hautefeuille, près le boulevard Saint-Germain

1898

PRÉFACE

L'utilité incontestable de l'ophtalmoscopie et la facilité d'application de ses méthodes à la pratique vétérinaire nous ont encouragés à entreprendre ce travail.

Nous avons été préparés à ces recherches par une assiduité de plusieurs années aux cliniques ophtalmologiques de la Faculté de médecine de Bordeaux, où l'un de nous a eu l'honneur d'être attaché à la clinique de notre excellent maître M. le professeur Badal.

L'utilité de l'examen à l'aide de l'ophtalmoscope ressort de la pratique même. Combien avons-nous vu de chevaux achetés récemment, présentant toutes les apparences extérieures d'une vue parfaite et que l'ophtalmoscope signalait comme borgnes ou sur le point de devenir aveugles?

Tondeur et Carrère n'ont-ils pas insisté sur les dangers que présente, pour le cavalier, le cheval atteint d'une myopie relativement peu élevée ?

Le Dr Rolland n'a-t-il pas montré que l'usage de l'ophtalmoscope était indispensable dans le diagnostic de la synéchie postérieure?

Les altérations des membranes profondes de l'œil sont fréquentes, qui ne peuvent être reconnues que par l'emploi de l'ophtalmoscope, et c'est un devoir pour tout vétérinaire, consulté pour un achat, de mettre en pratique les méthodes d'exploration capables de lui montrer sûrement que les animaux qu'on lui présente possèdent des yeux sains.

L'intérêt de l'armée, des grandes compagnies qui emploient tant de chevaux, du particulier sera ainsi respecté. Les haras ne propageront plus celles des maladies de l'œil — irido-choroïdites, cataractes, etc. — qui sont héréditaires.

MM. les professeurs Peuch et Galtier disent que, « étant donnés les résultats fournis par l'examen ophtalmoscopique, il doit être de règle aujourd'hui d'avoir recours à ce procédé d'exploration de l'œil dans le diagnostic médico-légal (1) ». N'est-ce pas exiger impérieusement de tout vétérinaire qu'il sache se servir de l'ophtalmoscope, puisqu'il peut être appelé comme expert et que son rapport sera rejeté s'il n'a pas suivi les *règles* de l'expertise ?

Si nous considérons le côté scientifique, sans lequel la médecine ne serait que de l'empirisme, nous reconnaîtrons que, en dehors des lésions intra-oculaires propres, l'ophtalmoscope est appelé à jeter le jour dans le diagnostic de certaines lésions cérébrales : hémorragies, tumeurs, etc., de certains états nerveux qui rendent les animaux inutilisables ou dangereux.

N'est-ce pas prouver l'utilité de l'ophtalmoscope que de citer l'initiative prise par le service vétérinaire de l'École d'application de cavalerie qui a institué pour les stagiaires des exercices pratiques d'ophtalmoscopie?

Mais combien l'importance de l'ophtalmologie vétérinaire s'affirme mieux encore à l'étranger, en Allemagne, en Autriche, en Italie, par l'existence de « chaires spéciales », d' « exercices ophtalmoscopiques » dans les écoles, d'un « Journal d'ophtalmologie comparée », de « traités d'ophtalmologie vétérinaire ». Dans l'armée

(1) Galtier, *Traité de législation commerciale et de médecine légale vétérinaires* (1897), art. FLUXION PÉRIODIQUE.

bulgare, tous les vétérinaires, par ordre ministériel, sont munis d'un ophtalmoscope.

L'usage de l'ophtalmoscope est-il pratique en vétérinaire ?

Difficile chez l'homme, l'examen ophtalmoscopique est d'une simplicité enfantine chez les animaux. Chez l'homme, la petitesse relative de l'œil, la faible dilatation de la pupille, la surface relativement sombre du fond de l'œil entraînent un éclairage artificiel et nécessitent une chambre noire. Le procédé à l'image renversée, presque seul applicable, réclame une longue pratique.

Chez les animaux et chez le cheval en particulier, la grosseur du globe oculaire, les dimensions considérables de la pupille, la présence du tapis clair, « ce miroir du fond de l'œil », permettent de supprimer la chambre noire, de n'employer que la *lumière du jour* et un procédé d'exploration excessivement simple, à la portée de tous et ne demandant qu'une pratique de quelques heures.

L'instrument est aussi simple que le procédé : c'est un miroir connu de tous, d'ailleurs, pour l'avoir employé dans l'éclairage des cavités nasales.

Nous avons donc eu pour but de guider les vétérinaires dans l'étude du fond de l'œil et dans le diagnostic des altérations d'un organe de première importance, que la pratique appelle à examiner presque chaque jour.

Nous avons tenu compte, comme on le pense bien, des travaux publiés ; mais nous avons surtout exposé le résultat de nos observations et de nos recherches personnelles.

Nous présentons d'abord l'*anatomie du globe oculaire*, en insistant spécialement sur certains points peu ou pas connus, intéressant l'ophtalmoscopie. Nous avons dû entreprendre de longues recherches anatomiques et histologiques dont on trouvera les résultats précis consignés dans des photographies.

Dans la description des *procédés d'examen de l'œil*, nous nous bornons à recommander les plus simples, les plus rapides et les seuls applicables aux animaux.

Nous avons condensé, dans un exposé aussi clair que possible, tous les états de réfraction et les procédés qui servent à les recueillir.

Avant d'étudier les lésions du fond de l'œil, nous avons décrit les différents *aspects normaux*.

Enfin, dans l'exposé des *maladies des membranes* et des *milieux*, nous nous sommes attachés à rapporter ce que nous avons vu.

Pour appuyer nos dires de preuves palpables, nous avons reproduit les différents états ophtalmoscopiques qu'il nous a été donné de rencontrer, dans des planches en couleur originales, dessinées par nous-mêmes. Aussi, comprendra-t-on qu'aucun détail n'ait été omis et qu'elles soient l'expression de la vérité.

MM. J.-B. Baillière et fils ont mis, pour reproduire ces planches, un soin tout particulier et qui en fait, au point de vue chromolithographique, il est bien permis de le dire, une petite œuvre d'art. Le même soin a été apporté à la reproduction en noir de nos dessins originaux.

Puisse notre modeste travail être le point de départ de nouvelles recherches et puissions-nous assister à l'extension rapide de l'ophtalmoscopie comparée!

Elle ne tardera pas, nous en sommes convaincus, à être féconde en résultats pratiques.

E. Nicolas. C. Fromaget.

Novembre 1897.

PRÉCIS
D'OPHTALMOSCOPIE VÉTÉRINAIRE

HISTORIQUE

L'ophtalmoscope, découvert par Von Helmholtz en 1851, sert en 1858, pour la première fois en vétérinaire, à Raynal, dans l'étude de la fluxion périodique. Il permet au professeur d'Alfort de reconnaître dans le cristallin et sur la cristalloïde, des troubles légers qui seraient passés inaperçus à l'examen à l'œil nu; enfin, cet instrument lui montre des troubles de l'humeur aqueuse et des modifications de la choroïde sur lesquelles il craint de se prononcer.

En 1861, Van Biervliet et Van Rooy en Belgique et Gérineau en France, publient presque en même temps les premiers travaux sur le diagnostic des maladies oculaires chez le cheval à l'aide de l'ophtalmoscope. Ils montrent particulièrement son importance dans le diagnostic des opacités cristalliniennes. « Il nous est arrivé très souvent, disent les premiers, de reconnaître des opacités entraînant la perte de la vue, et qui échappaient aux moyens ordinaires d'observation. » En ce qui concerne les altérations du fond de l'œil, ils se contentent d'affirmer qu'elles existent dans l'ophtalmie périodique et persistent dans l'intervalle des paroxysmes; mais ils ne donnent pas de renseignements sur la nature de ces lésions.

Rosebrugh, médecin américain, cherche, en 1864, à photographier le fond de l'œil des animaux, au moyen d'un appareil spécial.

Vers 1880, Lustig, Eversbusch, Bayer en Allemagne et en Autriche, écrivent sur l'ophtalmoscopie.

En 1882, Bernard et Hocquart publient, dans les *Archives vétérinaires*, un travail sur la « technique de l'ophtalmoscopie chez le cheval ». Ils reconnaissent et cherchent à faire apprécier les avantages de l'ophtalmoscope dans l'examen des parties antérieures de l'œil. Mais le procédé à l'image renversée qu'ils emploient ne leur permet pas de faire une étude bien approfondie des membranes profondes. L'image qu'ils obtiennent est peu nette, peu précise, puisque « les vaisseaux qui partent de la papille sont tellement fins à l'état physiologique qu'on a de la peine à les distinguer à l'ophtalmoscope ».

Le professeur Violet, dans une série d'articles parus dans le *Journal vétérinaire de Lyon* de 1882-1883-1884, s'attache à faire une description complète des maladies du globe oculaire. Le procédé à l'image renversée et à la lumière artificielle semble lui avoir rendu quelques services.

En 1889, Tondeur applique l'ophtalmoscope à l'étude de la réfraction chez le cheval, et montre, en même temps que l'influence de l'amétropie sur le caractère de cet animal, l'intérêt de ces recherches dans le choix des chevaux de cavalerie.

Vers la même époque, le magister de médecine vétérinaire de Varsovie, M. Zorawski, invente un ophtalmoscope spécialement destiné à l'usage vétérinaire. Il nécessite l'utilisation d'une source lumineuse artificielle, et son originalité réside dans ce fait que la lampe fait corps avec l'ophtalmoscope. Cet instrument, qui a été l'objet d'un rapport favorable de Chelchowski, vétérinaire en chef de l'armée bulgare, a été *adopté par le ministre de la guerre et se trouve entre les mains de tous les vétérinaires de l'armée bulgare*.

A l'étranger, le procédé à l'image droite et à la lumière du jour est employé couramment et fait avancer la question de l'ophtalmoscopie. Aussi les publications se succèdent-elles assez rapidement.

C'est d'abord le *Guide d'ophtalmoscopie* de Schlampp, professeur d'ophtalmologie à l'École vétérinaire de Munich, puis le *Traité d'ophtalmologie* de Möller, qui a bientôt les honneurs d'une *traduction russe*.

En 1891, Bayer, de Vienne, comprend la nécessité de parler aux yeux, et publie un *Atlas d'ophtalmoscopie comparée* dont la première partie est seule vraiment intéressante.

La même année, le Dr Rolland, de Toulouse, invente, pour l'étude de la fluxion périodique, un arsenal ophtalmoscopique.

En 1892, Vachetta fait paraître à Pise son *Traité d'ophtalmologie vétérinaire*, et Carrère applique le premier en France à l'étude de l'œil du cheval le procédé à l'image droite et à la lumière du jour, le seul qui soit capable de donner des résultats. Aussi recueille-t-il des observations qui lui permettent de conclure que le plus souvent les chevaux sont peureux parce qu'ils ont des lésions des membranes profondes ou des anomalies de la réfraction.

Le Dr Labat et Mouquet publient dans nos journaux périodiques les résultats de leurs recherches.

En 1894, Smith consacre, dans *The Journal of comparative Pathology*, une étude sur l'ophtalmoscopie en vétérinaire, dont la partie originale est le résultat de ses recherches sur l'état de la réfraction chez le cheval; nous en parlerons plus loin.

Enfin, en 1896, l'un de nous montre, dans sa thèse pour le doctorat en médecine, les avantages qu'on peut retirer de cet examen chez le cheval, et fait une description détaillée du fond de l'œil physiologique chez nos principales espèces domestiques.

CHAPITRE PREMIER

ANATOMIE DU GLOBE OCULAIRE

Au point de vue anatomique, l'œil du *cheval* comprend des *parties accessoires* destinées à lui assurer la protection et la mobilité nécessaires, et des *parties essentielles*, dont la réunion forme le *globe oculaire*.

Nous laissons de côté les premières, pour ne nous occuper que des dernières que l'ophtalmoscope permet d'étudier, en grande partie, sur le vivant.

Dans le globe oculaire, nous distinguons une membrane externe, fibreuse, la *sclérotique*; une membrane moyenne, vasculaire et pigmentaire, la *choroïde*; une membrane interne, essentiellement impressionnable, la *rétine*. A celles-ci vient s'ajouter un appareil dioptrique destiné à faire converger les rayons lumineux sur la rétine, composé de plusieurs milieux solides et liquides qui se succèdent dans l'ordre suivant : la *cornée*, l'*humeur aqueuse*, le *cristallin* et le *corps vitré* (J. Chatin).

Avant d'étudier en détail chacune de ces parties, examinons tout d'abord le globe oculaire, considéré en totalité.

I. — Globe.

La *forme* du globe se rapproche de celle d'un sphéroïde, légèrement aplati d'avant en arrière et principalement sur sa face postéro-inférieure. D'autre part, la cornée plus rapprochée du pôle inférieur que du supérieur, contribue à donner au bulbe une forme particulière, que nous essayons de fixer par des dimensions.

Elles ont été prises sur des yeux provenant de chevaux de cavalerie légère et durcis dans le liquide suivant :

Acide acétique	20 gr.
Sublimé corrosif	10 gr.
Eau	200 gr.

Diamètre vertical (1)	48mm	environ.
— transverse	49	—
— ant. post. passant par le centre de la cornée	42	—
Distance du centre de la cornée à l'entrée du nerf optique	40,5	—
Distance du centre de la cornée à l'extrémité supérieure du diamètre vertical	33,5	—
Distance du centre de la cornée à l'extrémité inférieure du diamètre vertical	31	—

Si ces chiffres varient avec chaque individu, leur rapport reste à peu près constant et fixe la forme de l'œil (fig. 1). Celle-ci nous donne l'explication du fait suivant, assez général, qui se produit dans l'examen ophtalmoscopique, à savoir que, l'observateur adapté pour l'examen de la limite des deux zones ou de la papille, doit souvent amener devant son œil un verre concave de 1, 2 Dioptries ou plus, pour voir les détails de la région moyenne ou supérieure du tapis clair ; tandis qu'il n'a pas besoin de verre correcteur pour voir au-dessous de la papille. Autrement dit, la papille étant emmétrope ou hypermétrope, la région supérieure du tapis est myope.

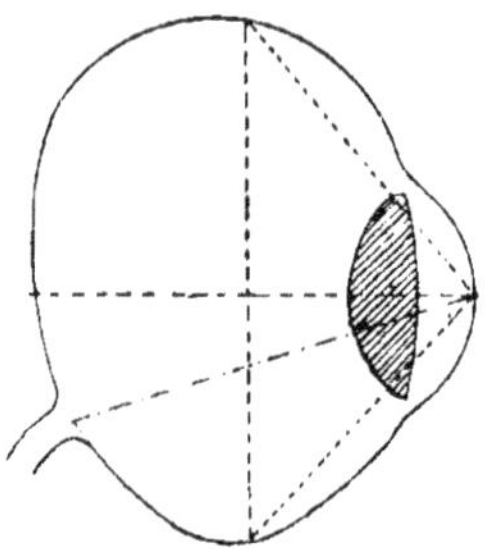

Fig. 1. — Figure schématique du globe de l'œil.

Son *poids* varie de 45 à 60 grammes.

Sa *consistance*, ferme sur le vivant, dépend de celle de son contenu et surtout du corps vitré. Elle peut varier dans d'assez grandes limites dans l'état pathologique.

Situation. — A l'état de repos, le globe oculaire a une

(1) Pour ces dimensions, nous considérons l'œil sorti de l'orbite et placé devant nous, la cornée nous faisant face.

position telle, dans la cavité orbitaire, que la cornée regarde en dehors et légèrement en avant.

Le bulbe est plus ou moins saillant à l'extérieur, dans des limites très faibles cependant.

Chez le mulet, nous avons été frappé de la saillie du rebord orbitaire supérieur, abritant un œil volumineux, plus saillant que chez le cheval et dont l'axe optique semble légèrement dévié en bas.

II. — Sclérotique.

La *sclérotique*, ou cornée opaque, constitue l'enveloppe externe de l'œil. C'est une membrane fibreuse, blanc nacré, très résistante et capable de s'ossifier, surtout au voisinage du nerf optique. Son épaisseur n'est pas la même dans tous les points. C'est aux environs du nerf optique qu'elle est la plus grande, pour diminuer progressivement jusqu'à l'équateur; puis à partir de cette région, elle s'épaissit par suite de l'insertion et de l'incorporation des tendons. D'autre part, sa région temporale est trois ou quatre fois plus épaisse que sa région nasale qui semble être le point le plus faible.

Indépendamment des régions, l'épaisseur varie suivant les individus dans d'assez grandes limites.

Au point de vue de sa configuration extérieure, la sclérotique présente à considérer deux faces et deux ouvertures.

La *face externe*, convexe, donne insertion aux muscles de l'œil et se trouve en rapport avec eux et le tissu adipeux de l'orbite. Elle est traversée par tous les vaisseaux et nerfs de l'œil: en arrière, par les artères ciliaires postérieures et nerfs ciliaires; en avant, par les artères ciliaires antérieures; à la région moyenne, par les veines de la choroïde ou *vasa vorticosa*, au nombre de quatre, deux supérieures et deux inférieures, ces dernières plus rapprochées du nerf optique.

La *face interne*, concave, de couleur brunâtre, est en rapport avec la choroïde.

L'*ouverture antérieure*, de forme ovoïde, taillée en biseau aux dépens de la face interne, est destinée à recevoir la cornée transparente.

L'*ouverture postérieure*, destinée à livrer passage au nerf optique, n'occupe pas le pôle postérieur de l'œil. Le méridien vertical, en passant plus près de son bord nasal que du temporal, la divise en deux parties inégales; ce méridien peut être tangent au bord nasal. D'autre part, elle est située à environ 10 à 12 millimètres au-dessous du méridien horizontal passant par le centre de la cornée.

Cet orifice est fermé par une membrane fenêtrée dont les ouvertures sont destinées au passage des fibres du nerf optique : c'est la *lamina cribrosa*.

La sclérotique est entièrement constituée par une intrication de faisceaux conjonctifs, auxquels s'ajoutent quelques fibres élastiques et de petits amas de pigment. Elle n'est pas décomposable en lamelles concentriques.

Ses vaisseaux propres proviennent des ciliaires antérieures et postérieures.

III. — Cornée transparente.

La *cornée* est une membrane transparente qui ferme l'ouverture antérieure de la sclérotique. Son rayon de courbure est plus petit que celui de cette dernière membrane, et par suite, elle fait saillie en avant de la sclérotique d'environ 7 millimètres.

Vue par sa face externe, la cornée a la forme d'une calotte ovoïde à grand axe horizontal et à grosse extrémité tournée vers l'angle antérieur ou nasal de l'ouverture palpébrale (fig. 2). Les dimensions des axes rectangulaires de l'ovoïde sont à peu près dans la proportion de 30 à 24 millimètres.

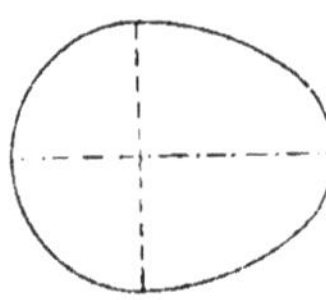

Fig. 2. — Forme de la cornée.

Vue au contraire par sa face interne, elle se rapproche davantage d'une calotte sphérique, ce qui prouve en réalité que son bord, taillé en biseau aux dépens des lames externes, se laisse envahir par la sclérotique, dans une plus grande étendue, en haut et en bas, que latéralement.

Ce bord cornéen est accompagné chez le cheval par un cercle blanc grisâtre ou nacré, que l'on rencontre dans la généralité des cas et qui ne doit pas être confondu avec l'arc sénile ou gérontoxon, signe de dégénérescence dans l'espèce humaine (Vachetta).

Les rayons de courbure de la cornée ne sont pas égaux.

D'après Berlin, le vertical mesurerait 17 millimètres, l'horizontal $19^{mm},5$. Ces données expliquent d'ailleurs, en partie, les résultats des recherches kératoscopiques, à savoir que, *l'astigmatisme est un fait général chez le cheval.*

Trois couches entrent dans la composition de la cornée.

La *couche moyenne* est formée de faisceaux de tissu conjonctif formant par leur réunion des lamelles superposées. Entre les faisceaux et les lamelles existent des lacunes et des canaux qui servent de réservoir à la lymphe et qui renferment en outre deux espèces de cellules ; les unes fixes, étoilées, les autres mobiles, véritables leucocytes.

Quand la pression intralacunaire augmente, la cornée perd sa transparence.

La *couche externe* est épithéliale et n'est qu'un prolongement conjonctival.

La *couche interne* est également épithéliale et appartient à la membrane de Descemet.

Les *vaisseaux sanguins* n'existent pas chez l'adulte à l'état physiologique ; mais ils peuvent l'envahir jusqu'au centre à l'état pathologique, pour former le *pannus*.

Les *vaisseaux lymphatiques* sont représentés par les lacunes et canalicules interlamellaires et communiquent avec la chambre antérieure, les espaces lymphatiques conjonctivaux et scléroticaux.

Les *nerfs*, très nombreux, envahissent les trois couches et proviennent des nerfs ciliaires.

Chez le bœuf, le mouton, la chèvre, la cornée affecte la même forme que chez le cheval. Chez le chien et le chat, elle a la forme d'une calotte sphérique.

IV. — Tractus uvéal.

A l'intérieur de la sphère formée par la sclérotique et la cornée, on trouve une autre sphère noire, appendue au nerf optique comme une baie de raisin à son pédicule, d'où le nom d'uvée (*uva*, grain de raisin).

Au segment postérieur du globe externe, à la sclérotique proprement dite, correspond la *choroïde* ; au-dessous de la cornée s'abat l'*iris* ; la région qui unit la choroïde à l'iris porte le nom de *corps ciliaire* (J. Chatin).

1° Iris. — C'est un diaphragme situé au-devant du cristallin et percé en son centre d'une ouverture qui est la *pupille*. Il divise l'espace situé entre la cornée et le cristallin en deux compartiments inégaux ou *chambres de l'œil*.

« Sa *face antérieure*, plane ou très légèrement convexe, présente des sillons circulaires très prononcés et des stries rayonnées, sensibles seulement vers la grande circonférence de la membrane. » (Chauveau et Arloing.) Elle reflète chez les solipèdes une teinte brune plus ou moins jaunâtre et toujours luisante. Des bandes circulaires interrompues, de couleur noire, lui donnent parfois un aspect tigré.

L'absence de pigment donne à cette face une teinte blanc

plombé qui fait dire que les yeux sont *vairons*. Cette dépigmentation peut envahir toute la surface antérieure de l'iris ou se limiter à une région. C'est ainsi que nous l'avons rencontrée dans un cas sur la région moyenne, dans un autre sur la moitié interne de l'iris, où elle coïncidait avec une belle face déviée jusqu'à l'orbite.

Ces anomalies donnent à la physionomie un aspect étrange; mais il faut se garder de les prendre pour des altérations pathologiques.

« La *face postérieure*, en rapport avec le cristallin et les procès ciliaires, est enduite d'une couche très épaisse de pigment noir, désigné sous le nom d'uvée, pigment dont une portion, supportée par un petit pédicule, traverse souvent l'ouverture pupillaire et vient faire hernie dans la chambre antérieure de l'œil; on appelle ordinairement *fongus* ou *grain de suie* ce petit peloton noirâtre. » (Chauveau et Arloing.) On peut en rencontrer plusieurs situés côte à côte et obstruant une partie plus ou moins grande de l'ouverture pupillaire. On comprend ainsi, qu'interceptant une grande partie des rayons lumineux, surtout dans l'état de contraction pupillaire, comme à une lumière vive, les grains de suie puissent être la cause d'amblyopie. Aussi ont-ils attiré, depuis quelque temps, l'attention des vétérinaires, tant en France qu'à l'étranger, et leur inconvénient manifeste a engagé Eversbusch à en pratiquer l'ablation dans un cas. Malheureusement le résultat de l'intervention fut compromis par l'infection de la plaie opératoire.

« La *grande circonférence* de l'iris est attachée sur le cercle ciliaire qui l'unit à la choroïde; elle répond aussi à la région scléro-cornéenne. » (Chauveau et Arloing.)

La *petite circonférence* circonscrit l'ouverture pupillaire. Elle est plus dilatée dans le jeune âge et affecte une forme elliptique jusqu'à cinq et six ans, ce qui rend l'examen ophtalmoscopique très facile sans atropinisation; plus tard, elle est plus contractée et affecte la forme d'un rectangle horizontal à angles arrondis.

Chez les ruminants, la pupille présente la même forme que chez le cheval; chez le chien, elle est circulaire et prend la forme d'une boutonnière verticale chez le chat.

Une membrane propre et deux couches épithéliales constituent l'iris. La membrane propre comprend des faisceaux conjonctifs ondulés, circulaires ou rayonnés, des cellules pigmentaires et des fibres musculaires lisses, les unes circulaires, les autres radiées. Si l'existence des premières n'est contestée par personne, il n'en est pas de même des dernières.

D'après Koganei, qui a étudié comparativement l'iris de l'homme et celui de trente vertébrés différents, le dilatateur pupillaire n'existerait pas chez l'homme, le chien, le chat, le porc, le cheval, le bœuf (1). D'après Eversbusch, les fibres radiées qui se trouvent à la périphérie ne seraient que la continuation des fibres circulaires qui occupent spécialement la partie centrale. Suivant le même auteur, la figure ellipsoïde horizontale de la pupille chez le cheval aurait sa raison anatomique dans la présence d'un appareil de renforcement, triangulaire, existant à l'extrémité de la pupille et à la face postérieure de l'iris, et auquel il donne le nom de *ligament inhibitoire* ou *triangulaire de l'iris*. (Vachetta.)

Les artères iriennes proviennent des ciliaires antérieures ; les nerfs sont fournis par le plexus ciliaire.

Chez le fœtus, la pupille est obstruée par une membrane qui peut persister chez l'adulte et qu'on désigne sous le nom de *membrane pupillaire*.

2° Corps ciliaire. — Le corps ciliaire unit la choroïde et l'iris. En arrière il s'unit à la choroïde par un bord festonné qui est l'*ora serrata* des anciens anatomistes.

Au point de vue anatomique, le corps ciliaire est formé par deux anneaux concentriques; le premier, externe et continant à la sclérotique, est de nature contractile, c'est le *muscle ciliaire*; le second, interne et répondant au cristallin, essentiellement vasculaire, représente les *procès ciliaires*.

Sur une coupe, le *muscle ciliaire* affecte la forme d'un triangle dont la base serait antérieure. On peut le décomposer en deux plans, un superficiel radié, l'autre profond formé de fibres circulaires.

Chez l'homme, le plan radié est plus développé dans la myopie; c'est le contraire dans l'hypermétropie où les fibres circulaires dominent.

Dans les carnivores, on décrit généralement le muscle ciliaire comme réduit à sa partie superficielle ou radiée.

Le muscle ciliaire est le muscle de l'accommodation.

Les *procès ciliaires* sont des pyramides formées par un pelotonnement de petits vaisseaux, pyramides dont la base est au cristallin et le sommet à l'ora serrata.

Au nombre d'environ 110 chez le cheval, ils sont séparés

(1) A. Gabrielidès, *Recherches sur l'embryogénie et l'anatomie comparée de l'angle de la chambre antérieure chez le poulet et chez l'homme. Muscle dilatateur de la pupille* (Thèse de doctorat, Paris, 1895, p. 36). (Les fibres dilatatrices ont été mises en évidence par lui en dépigmentant l'iris par la méthode de Griffith.)

par de petits sillons et forment au cristallin une couronne asymétrique, plus étroite du côté interne (5 à 6 millimètres) que du côté externe (12 millimètres environ).

Choroïde. — La choroïde, membrane essentiellement vasculaire, est comprise entre la rétine et la sclérotique et reproduit absolument la forme de cette dernière membrane. A son

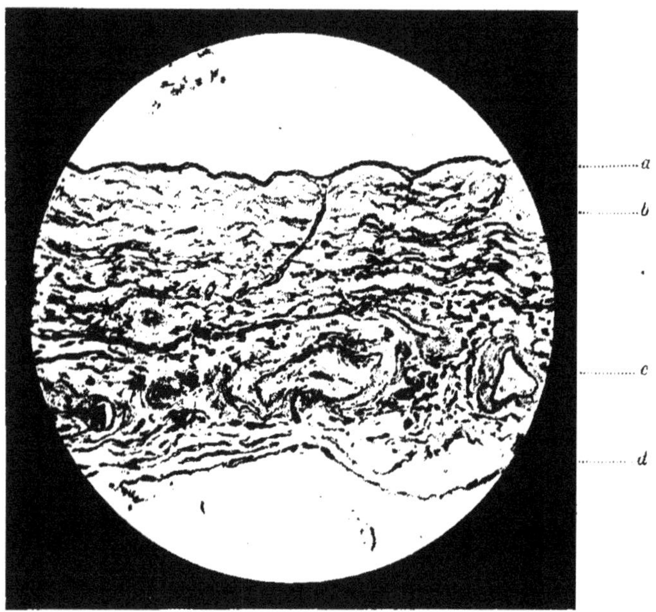

Fig. 3. — Choroïde du cheval. Région du tapis clair.

a. — Couche pigmentaire de la rétine et chorio-capillaire.
b. — Couche fondamentale de Tourneux ou tapis.
c. — Couche des gros vaisseaux.
d. — Lamina fusca.

fond elle est percée d'une ouverture pour le passage du nerf optique et antérieurement elle se continue avec le corps ciliaire.

Sa *face interne*, après enlèvement de la rétine, présente une teinte brune due au pigment rétinien qui lui est resté adhérent et au milieu de laquelle tranche une zone plus claire. Celle-ci, d'une belle couleur bleu verdâtre, située dans la moitié supérieure, a la forme d'un triangle dont la base est rectiligne et horizontale et dont les deux côtés sont curvilignes à convexité tournée en dehors. C'est le *tapis*, encore appelé en ophtalmoscopie *tapis clair* ou *tapetum lucidum*, en opposition avec le reste de la choroïde qui prend le nom de *tapis sombre* ou *tapetum nigrum* (Voy. pl. I.).

En réalité, si on enlève la couche pigmentaire rétinienne au moyen d'un pinceau, on voit que la coloration bleu verdâtre n'est pas limitée au tapis clair, mais s'étend à droite et à gauche, ainsi qu'en bas. Au voisinage de l'entrée des vasa

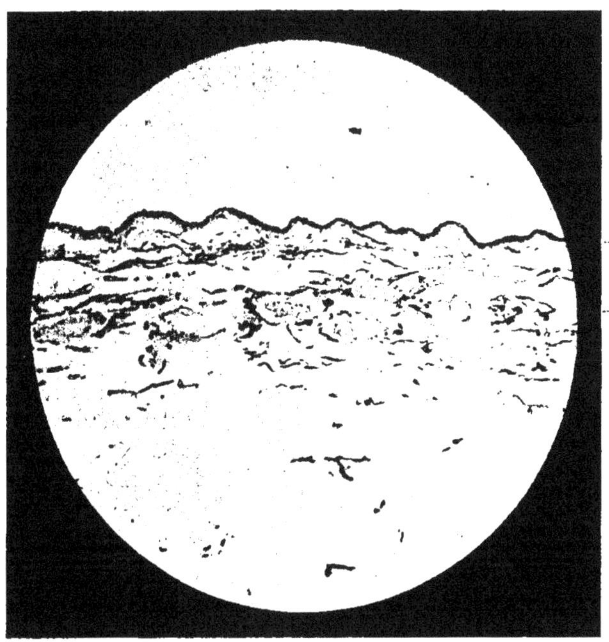

Fig. 4. — Choroïde du cheval. Région du tapis sombre.

a. — Couche pigmentaire de la rétine et chorio-capillaire.
b. — Couche des gros vaisseaux.

vorticosa, la membrane vasculaire prend une teinte brune sur laquelle se dessine nettement le tourbillon des veines vorticineuses. Comme nous l'avons dit, celles-ci se réunissent en quatre troncs, deux supérieurs et deux inférieurs. Si on les suit en remontant leur cours, on en voit qui se dispersent en éventail dans la direction de l'entrée du nerf optique, et on pourrait croire, mais à tort, qu'elles font saillie sur le tapis.

Structure. — En raison de l'importance de cette membrane dans les recherches ophtalmoscopiques et des renseignements incomplets fournis par nos livres classiques, nous donnerons sa constitution histologique avec quelques détails, en rapportant les principales données des recherches de Tourneux sur le tapis des carnivores, des solipèdes et des ruminants, ainsi que les nôtres en ce qui concerne la choroïde du cheval.

La choroïde comprend cinq couches qui sont, de dedans en dehors : la lame vitrée, la chorio-capillaire, la couche intervasculaire ou *couche fondamentale* de Tourneux, appelée encore tapis, la couche des gros vaisseaux et la lamina fusca (fig. 3, 4, 5).

1° La *membrane vitrée* est très mince et transparente.

2° La *chorio-capillaire* se compose d'un réseau capillaire englobé dans une gangue de matière amorphe finement granuleuse.

3° La *couche fondamentale* n'existerait, d'après Tourneux, qu'au niveau du tapis clair. Elle diffère suivant les espèces. Tantôt elle se compose de cellules spéciales (carnivores), tantôt, au contraire, de faisceaux de fibres lamineuses très fines (ruminants, solipèdes), ce qui a fait distinguer deux variétés de tapis : le tapis cellulaire et le tapis fibreux.

Tapis cellulaire. — La couche fondamentale représente la partie essentielle du tapis. « C'est elle qui est le siège des phénomènes optiques d'où résulte l'aspect brillant, avec reflets bleuâtres, du fond de l'œil des carnassiers. Elle est presque entièrement constituée par la superposition, en couches multiples, de cellules spéciales. Ces cellules ont reçu des dénominations diverses ; en Allemagne, on les appelle *glanzellen, interferenzellen* ; en France, elles sont désignées sous les noms d'*iridocytes*, de *cellules irisantes* ou encore de *cellules chatoyantes* (G. Pouchet).

« Ces éléments, quand on les observe par dissociation, après une macération de quelques mois dans la liqueur de Müller, se présentent avec une forme aplatie nettement polygonale à cinq ou six faces (chat). Leur diamètre est en moyenne de 40 μ ; leur épaisseur est variable suivant les animaux (3 ou 4 μ chez le chat). Le noyau est petit, sphérique, nucléolé, occupant généralement le centre de figure de l'élément. Quant au corps cellulaire, il semble entièrement clivé en aiguilles d'apparence cristalline, légèrement effilées à leurs deux extrémités.

« La forme de ces aiguilles, leur nombre et surtout leur disposition, paraissent régler l'éclat du tapis.....

« La structure de l'élément fondamental du tapis étant connue, nous devons rechercher maintenant quelle est la disposition générale des iridocytes.

« Si l'on considère une coupe normale du tapis, on remarque

que les iridocytes sont tous disposés parallèlement à la surface de la choroïde, formant ainsi une série d'étages superposés. Ces différents étages sont séparés les uns des autres par de minces cloisons lamineuses.

« Le tapis ne renferme pas de vaisseaux qui lui soient propres; mais il est traversé par des capillaires verticaux qui alimentent le réseau superficiel de la choroïde. On voit de fins

Fig. 5. — Choroïde du cheval. Chorio-capillaire et vaisseaux du tapis.

conduits partir des gros conduits de la couche sous-jacente, traverser normalement toute l'épaisseur de la couche fondamentale et s'aboucher par une sorte d'entonnoir dans le réseau superficiel. Ces capillaires ne se ramifient pas et surtout ne fournissent jamais de branches horizontales dans le tissu cérulescent. Ils représentent uniquement des voies verticales de communication entre les artérioles et veinules de la couche des gros vaisseaux et le réseau superficiel de la choroïde.

« La distance entre deux capillaires voisins est en moyenne de 50 à 60 μ. Il résulte de ce fait, vu les dimensions des iridocytes (40 à 50 μ), que chacun de ces éléments se trouve forcément en rapport par un point de la périphérie avec un capillaire. » (Tourneux.)

Tapis fibreux. — Il existe chez les solipèdes et les ruminants. Voici d'après nos recherches quelles sont sa structure et sa répartition chez le cheval (fig. 3, 4, 5).

Il est formé de faisceaux lamineux légèrement ondulés, disposés parallèlement et formant une couche d'épaisseur variable, située entre les deux couches vasculaires. On ne rencontre entre ces faisceaux aucune trace de pigment, ce qui la distingue du tissu de charpente qui entoure les gros vaisseaux et qui renferme de nombreuses cellules pigmentaires.

De distance en distance existent de fins capillaires, reconnaissables aux noyaux de leurs cellules, traversant cette couche et mettant en communication les gros vaisseaux avec la chorio-capillaire où ils s'ouvrent en entonnoir (fig. 3 et 5). Ils sont plus ou moins obliques et quelques-uns semblent se diviser dans l'intérieur de la couche fondamentale en donnant deux branches divergentes.

Cette couche fibreuse n'est pas limitée exactement à l'espace appelé tapis clair; elle se prolonge en bas sous le tapis sombre, en diminuant progressivement d'épaisseur pour disparaître à peu près au niveau de la limite inférieure de la papille.

Nous verrons plus loin que la disposition des vaisseaux de la couche fondamentale nous donne très probablement l'explication du pointillé qui constelle le tapis.

4° La *couche des gros vaisseaux* est constituée par un réseau de gros vaisseaux artériels et veineux entourés de fibres conjonctives, élastiques et musculaires et de cellules pigmentaires. (Voir les coupes de la choroïde du cheval.)

5° La *lamina fusca* est formée d'une nappe de tissu conjonctif lâche avec lacunes lymphatiques, unissant la choroïde à la sclérotique.

Vaisseaux du tractus uvéal. — La circulation artérielle de l'iris, du corps ciliaire et de la choroïde est assurée par trois espèces de vaisseaux, branches de l'ophtalmique : les ciliaires courtes postérieures, les ciliaires longues postérieures et les ciliaires antérieures.

Les *ciliaires courtes postérieures* traversent la sclérotique autour du nerf optique et forment dans la choroïde la couche des gros vaisseaux et la chorio-capillaire.

Les *ciliaires longues postérieures*, au nombre de deux, l'une interne et l'autre externe, traversent la sclérotique dans la région postérieure, cheminent d'arrière en avant dans l'espace supra-choroïdien, sans rien abandonner à la choroïde, et se terminent dans le corps ciliaire et l'iris.

Les *ciliaires antérieures* traversent la sclérotique un peu au-dessus du limbe scléro-cornéen, et se terminent dans le corps ciliaire et l'iris.

Les *veines* aboutissent aux ciliaires antérieures et surtout aux vasa vorticosa.

Comme on le voit, il existe de grandes relations entre la circulation des trois parties constituantes du tractus uvéal, et l'on comprend que toute modification dans le territoire vasculaire de l'une d'elles doive se répercuter dans le territoire des autres. Aussi, les artères et veines ciliaires antérieures, visibles sous la conjonctive, autour du limbe scléro-cornéen, sont-elles d'un grand secours dans le diagnostic des affections irido-cyclo-choroïdiennes.

V. — Rétine.

La rétine est la membrane sensible de l'œil. Elle tapisse intérieurement la choroïde, de l'entrée du nerf optique à l'*ora serrata*. Elle se décolle facilement en abandonnant sa couche pigmentaire qui reste adhérente à la membrane vasculaire ; dans ces conditions elle est absolument transparente. Sa surface intérieure concave enveloppe le corps vitré sans lui adhérer. Elle présente à considérer plusieurs régions :

La PAPILLE OPTIQUE, encore appelée *punctum cæcum* ou *tache aveugle*, est le lieu d'épanouissement du nerf optique. De coloration blanc rosé, située à 2 millimètres environ au-dessous du tapis clair, elle a la forme d'une ellipse à grand axe horizontal. Ses dimensions sont 5 et 4 millimètres. Loin de faire saillie comme son nom pourrait le faire croire, elle est légèrement excavée en godet, et cette disposition résulte de ce que les fibres nerveuses s'écartent en éventail pour former la rétine. On comprend, pour la même raison, qu'à l'ophtalmoscope la *lamina cribrosa* apparaisse quelquefois très nettement au centre.

Les VAISSEAUX RÉTINIENS seront mieux étudiés à l'examen ophtalmoscopique.

La MACULA LUTEA ou *fovea centralis*, qui existe chez l'homme et un certain nombre d'animaux (Chiewitz) et dont la situation est très importante à connaître pour le pronostic des maladies du fond de l'œil, n'a pas encore été bien étudiée chez nos grands animaux. Cependant, d'après Chauveau et Arloing, elle existerait dans la région polaire profonde de l'œil.

Structure. — Si la rétine du cheval ne diffère pas de celle de l'homme, quant au nombre des couches, elle présente cependant quelques particularités, en ce qui concerne leur épaisseur relative et la distribution de leurs éléments.

Sur une coupe, on peut aisément y distinguer les couches suivantes (fig. 6) :

1° La *membrane limitante interne*, qui constitue la couche en

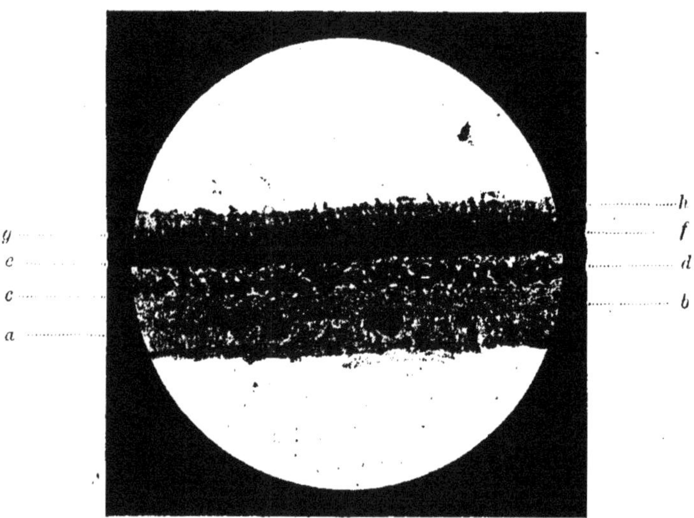

Fig. 6. — Rétine du cheval.

a. — Couche des fibres optiques.
b. — Cellules ganglionnaires.
c. — Plexus réticulaire interne.
d. — Couche des grains internes.
e. — Plexus réticulaire externe.
f. — Couche des grains externes (sur trois rangs).
g. — Limitante externe.
h. — Bâtonnets et cônes.

contact avec le corps vitré, se présente sous forme d'une couche unique et mince, de laquelle partent les pieds des *cellules de Müller*. Celles-ci constituent le stroma rétinien, qui tient en ses mailles les éléments nerveux ;

2° La *couche des fibres optiques*, présentant plusieurs étages de fibres à directions variables suivant les sections qu'on pratique. Son épaisseur va progressivement en augmentant de l'ora serrata à la papille où elle dépasse l'épaisseur des autres couches réunies ;

3° Les *cellules ganglionnaires*, constituant une couche unique.

On voit plusieurs de ces cellules éparses, englobées entre les cellules de Müller et situées au-dessus des fibres optiques. Elles sont très volumineuses, ainsi qu'on peut s'en rendre compte par notre coupe, où deux sont sectionnées au niveau de leur plus grand diamètre. Le noyau de ces cellules est extrêmement volumineux. Elles sont en relation avec les

Fig. 7. — Cellules pigmentaires de la rétine du cheval.

fibres optiques d'une part, et de l'autre elles envoient dans la couche sus-jacente un prolongement qui s'étale dans le plexus réticulaire interne, ainsi que l'ont démontré les recherches de l'un de nous et celles de Ramon y Cajal ;

4° La couche dépourvue de cellules qui les surmonte est le *plexus réticulaire interne* ou *plexus cérébral*, dont la structure intime est mal connue. On y trouve les terminaisons des prolongements des cellules ganglionnaires et les prolongements des cellules de la couche des grains internes ;

5° Les nombreuses cellules qui constituent la couche suivante sont les cellules unipolaires et bipolaires formant ce qu'on nomme en général la *couche des grains internes* ;

6° Au-dessus est un nouveau plexus, *plexus réticulaire externe*, où viennent aboutir les terminaisons des cellules bipolaires et des cellules des cônes ou bâtonnets ;

7° Les nombreux noyaux colorés qui sont beaucoup plus petits que ceux de la cinquième couche, appartiennent au corps des cellules des cônes et des bâtonnets. C'est ce qu'on nomme encore *couche des grains externes* ; ils sont disposés régulièrement sur trois étages ;

8° *Membrane limitante externe*, séparant nettement ces cellules des bâtonnets ;

9° Les *bâtonnets* et les *cônes* sont ces corps réfringents qui surmontent la couche précédente ;

10° Enfin, la *couche pigmentaire*, constituée par des cellules épithéliales à noyau et dont le corps plus ou moins renflé est intimement accolé à la choroïde, dont il ne se sépare jamais.

Ces cellules présentent sur une coupe transversale une configuration géométrique très remarquable. Elles ont en général la forme d'hexagone, mais peuvent aussi être pentagonales ou heptagonales, comme la photographie le montre (Voy. fig. 7). Du corps cellulaire partent des prolongements ou pseudopodes qui s'enfoncent entre les bâtonnets.

La couche pigmentaire ne fait pas défaut au niveau du tapis clair (fig. 3). En passant le doigt sur la choroïde à ce niveau, on produit une tache plus claire, tandis que la pulpe digitale est légèrement teintée en brun. Mais les coupes microscopiques ne permettent pas le doute. On voit, en effet, ces cellules former une fine couche à la surface de la chorio-capillaire et présenter à leur intérieur des grains pigmentaires plus ou moins abondants. En passant du tapis clair dans le tapis sombre, l'aspect change, non pas brusquement, les grains pigmentaires étant de plus en plus abondants jusqu'à remplir complètement les cellules qui forment une bordure extrêmement noire et épaisse à la chorio-capillaire. En résumé, la couche des cellules existe partout, mais leur richesse en pigment est variable suivant les points.

Disons encore que les fibres optiques abandonnent leur myéline au sortir de la papille.

La partie visible des vaisseaux rétiniens est très courte. Elle cesse à 1 centimètre environ de la papille. D'ailleurs, ils ne contribuent pas seuls à la nutrition de la rétine, dont les couches externes sont tributaires de la choroïde.

VI. — Humeur aqueuse.

L'*humeur aqueuse* est un liquide incolore, très fluide, qui remplit les chambres de l'œil. Elle est sécrétée par les procès ciliaires.

Comme quantité, l'humeur aqueuse mesurerait $2^{cm^3},5$ en moyenne chez le cheval (Emmert). Son indice de réfraction serait 1,3364 d'après Becker.

La *chambre antérieure* mesure environ 8 millimètres de profondeur après ablation du cristallin; lorsque celui-ci est en place, elle ne mesure plus que $6^{mm},5$, ce qui prouve que l'iris est légèrement repoussé en avant par le cristallin, sur la face antérieure duquel il s'appuie.

La *chambre postérieure* est par cela même virtuelle.

VII. — Cristallin.

Le cristallin est une lentille biconvexe séparant l'humeur aqueuse de l'humeur vitrée et située derrière l'iris, au milieu de la couronne des procès ciliaires, lentille beaucoup plus convexe sur sa face postérieure que sur l'antérieure. Si tous les auteurs sont unanimes sur ce dernier point, il n'en est plus de même quant à l'appréciation des dimensions du cristallin et de ses rayons de courbure. Que l'on en juge :

	Franch et Leisering.	Chauveau et Arloing.	Mathiesen.	Berlin.
	mm.	mm.	mm.	mm.
Diamètre antéro-postérieur.	12	14	»	»
— vertical..........	21	17	22	19,5
Rayon de courbure de la face antérieure...........	15	»	21	13,5
Rayon de courbure de la face postérieure.........	10	»	13	9,5

Voici le résultat de nos recherches à cet égard :

Diamètre antéro-postérieur................	12,5
— vertical.........................	21
Rayon de courbure de la face antérieure...	17,7
— — postérieure..	11,3

La face postérieure principalement ne doit pas appartenir à une calotte sphérique; il est facile de s'en rendre compte en faisant, schématiquement sur le papier, le dessin d'une coupe médiane du cristallin, au moyen des dimensions précédentes ; dans ces conditions, en effet, la face postérieure paraît beaucoup plus aplatie qu'elle ne l'est en réalité.

L'indice de réfraction moyen a été trouvé chez le cheval égal à 1,5084 (Matthiesen). Il varierait suivant les couches.

Le cristallin est constitué par une membrane d'enveloppe et un tissu propre.

La *membrane d'enveloppe* ou capsulaire comprend la *cristalloïde antérieure* et la *cristalloïde postérieure* continues vers l'équateur ; « elle est sans adhérence avec le tissu propre du cristallin. Son épaisseur est uniforme, chez le cheval, et son tissu légèrement strié dans le sens transversal. Elle est tapissée intérieurement, dans la portion qui répond à la face antérieure, par une couche d'épithélium » (Ch. et Arl.).

Quant au *tissu propre*, il est disposé en couches concentriques dont la consistance augmente de l'extérieur à l'intérieur. « Le microscope montre que ces couches sont composées de tubes denticulés sur les bords, pourvus de un ou plusieurs noyaux. » (Chauveau et Arloing.) Ces tubes, ou plus exactement ces fibres, forment des lamelles qui se groupent pour former des secteurs rappelant la disposition du bulbe d'un oignon. Elles aboutissent toutes à deux étoiles à trois branches, formées de substance amorphe, situées l'une en avant et l'autre en arrière et disposées en sens inverse. Cette disposition des étoiles, que l'on peut mettre en évidence par l'action de l'acide nitrique, peut se voir parfaitement bien sur l'animal vivant, par l'éclairage direct, comme il nous a été donné de l'observer dans deux cas ; il s'agissait, probablement, d'une différence de réfraction anormale entre la substance amorphe et le tissu fibrillaire voisin, car le cristallin était parfaitement transparent.

Le cristallin ne possède ni nerfs, ni vaisseaux. Sa nutrition purement osmotique se fait par l'intermédiaire des tissus voisins. Aussi les maladies du tractus uvéal ont-elles une grande influence sur les affections de cette lentille, ainsi que le montrent les observations de fluxion périodique ou irido-cyclo-choroïdite qui s'accompagnent presque toujours de cataracte.

Chez le fœtus, une branche de l'artère centrale de la rétine, l'artère hyaloïde, traverse le corps vitré d'arrière en avant et aborde le cristallin par sa face postérieure.

VIII. — Corps vitré.

Le corps vitré est une masse gélatineuse et transparente qui occupe l'espace compris entre la face postérieure du cristallin et la rétine. Il a la forme d'un sphéroïde, déprimé en cupule à sa partie antérieure (*fossette patellaire*) pour recevoir le cristallin.

Son indice de réfraction chez le cheval serait de 1,3361 d'après Berlin. Au point de vue histologique, il se compose d'une membrane d'enveloppe et d'un contenu ou humeur vitrée.

La *membrane d'enveloppe* tapisse la face interne de la rétine. La portion qui s'étend de la papille à l'ora serrata porte le nom de *membrane hyaloïde*. De l'ora serrata à l'équateur du cristallin, la membrane d'enveloppe s'épaissit et devient plus résistante, c'est la *zone de Zinn* ou *zonula*. Elle envoie sur les deux faces du cristallin, au voisinage de l'équateur, des fibres qui s'insèrent sur les cristalloïdes et qui servent à maintenir le cristallin dans sa situation.

L'*humeur vitrée* est composée de substance amorphe et de cellules embryonnaires.

Elle est traversée d'arrière en avant par un canal allant de la papille au pôle postérieur du cristallin, c'est le *canal hyaloïdien* ou de *Cloquet*. Chez le fœtus, il livre passage à l'artère hyaloïdienne qui disparaît à la naissance ; mais le canal lui-même, réduit, persisterait chez l'adulte.

CHAPITRE II

GÉNÉRALITÉS SUR LA RÉFRACTION

I. — Réfraction statique.

EMMÉTROPIE. — HYPERMÉTROPIE. — MYOPIE. — ASTIGMATISME.

Au point de vue physiologique, l'œil est un appareil destiné à former sur la rétine les images des objets extérieurs. Les différents milieux transparents (cornée, humeur aqueuse, cristallin, corps vitré) constituent le système optique, à travers lequel les rayons lumineux doivent se réfracter, et l'étude de la marche de ces rayons constitue l'étude de la réfraction oculaire.

Nous donnerons ici les notions élémentaires indispensables pour comprendre l'étude des membranes profondes de l'œil et de la réfraction.

Au point de vue optique, l'œil n'est autre chose qu'un assemblage de plusieurs dioptres (1) juxtaposés : *dioptre cornéen*,

(1) On appelle *dioptre* toute surface courbe qui limite deux milieux d'inégale réfringence.

dioptre cristallinien antérieur, dioptre cristallinien postérieur. Ils peuvent tous les trois être remplacés par un seul dioptre équivalent ; c'est là ce qui constitue ce qu'on appelle *l'œil réduit.*

Ce dioptre est *inéquifocal*, car la distance focale antérieure n'est pas égale à la distance focale postérieure.

Lorsqu'un œil peut être assimilé à un dioptre constitué par une surface de révolution autour d'un axe, et que le foyer postérieur coïncide avec la rétine, l'accommodation étant paralysée, on dit qu'il est *emmétrope.*

C'est l'état de l'œil normal.

Tout œil qui ne réunit pas ces deux conditions est dit *amétrope.*

L'amétropie peut donc être la conséquence de deux causes isolées ou associées.

1° Le dioptre est, dans le premier cas, une surface de révolution, mais le foyer principal postérieur ne coïncide pas avec la rétine ; on a affaire à un œil *myope* ou *hypermétrope* ;

2° Le dioptre oculaire n'est pas une surface de révolution. Dans ce cas, on dit qu'il est *astigmate.*

Examinons rapidement chacun de ces états.

1° Emmétropie. — *L'œil emmétrope est un dioptre dont la surface réfringente est une surface de révolution et dont le foyer postérieur coïncide avec la rétine.*

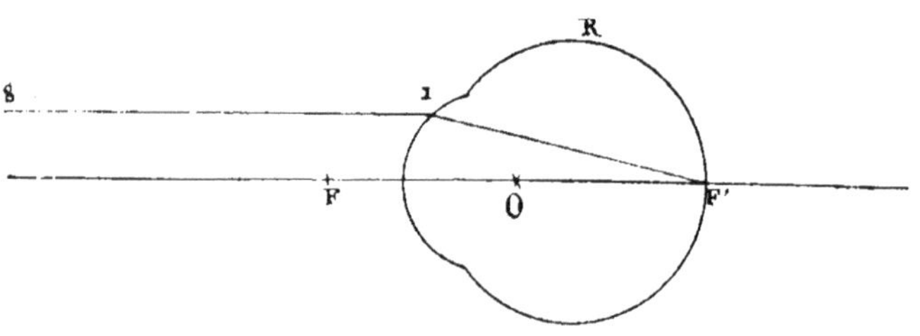

Fig. 8.

Dans un tel œil (fig. 8), les rayons partis de l'infini, parallèles à l'axe principal, viendront rencontrer la rétine en F', qui coïncide avec la rétine R. Il en résulte que tous les objets situés à l'infini viendront former sur la rétine des images nettes, et que l'œil emmétrope distinguera nettement les objets placés au loin, pourvu que les images rétiniennes soient assez grandes.

L'infini est donc le point le plus éloigné qu'un œil emmétrope puisse voir, c'est ce qu'on appelle son *punctum remotum*, ou plus simplement son *remotum*.

Il est évident que ce *remotum* est le *foyer conjugué de la rétine*. De telle sorte que tous les rayons lumineux partis de la rétine sortiront parallèles à l'axe principal, et que l'image d'un point lumineux se fera à l'infini.

2° Myopie. — *Dans l'œil myope, la surface réfringente est toujours une surface de révolution, mais le foyer postérieur est situé en avant de la rétine* (fig. 9).

Un objet situé à l'infini qui envoie un rayon SI, forme son image en F', mais F' ne coïncidant pas avec R, l'œil myope

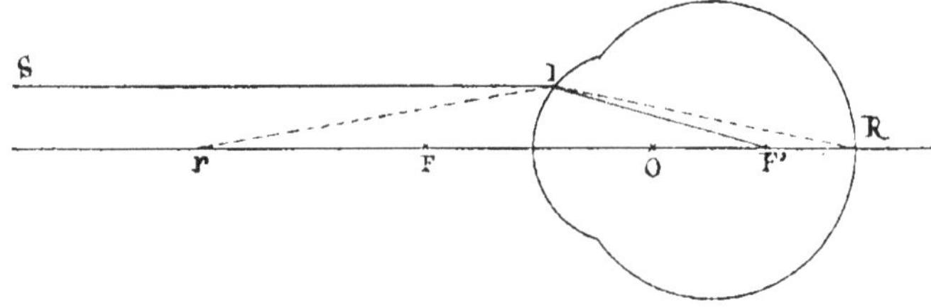

Fig. 9.

n'aura qu'une image diffuse ; il sera donc dans l'impossibilité de distinguer les objets éloignés.

Au contraire, un objet plus rapproché, situé entre l'infini et l'œil, pourra donner une image nette sur la rétine. Tel est le cas du point r dont l'image est R.

Ce point le plus éloigné qu'un œil myope puisse distinguer, et qui est le foyer conjugué de la rétine, est encore le *remotum*. Ce remotum est situé *en avant* de l'œil, à une distance *finie*; de plus il est *réel*.

Pourquoi le foyer postérieur du système dioptrique est-il situé en avant de la rétine ? Cela peut tenir à *trois causes*:

A. La plus fréquente, chez l'homme, est un *allongement* de l'axe antéro-postérieur de l'œil. La rétine qui, primitivement, coïncidait avec F', sous l'influence de lésions diverses (scléro-choroïdite), a été repoussée en arrière ; c'est la *myopie axile*.

B. La myopie dépend d'une *augmentation de courbure* du dioptre qui en augmente la puissance réfringente et par conséquent diminue la distance focale postérieure ; c'est la *myopie de courbure*.

C. La myopie est le résultat d'une *augmentation de l'indice de réfraction* du système dioptrique ; c'est la *myopie d'indice*.

3° Hypermétropie. — *L'œil hypermétrope est celui dont la surface réfringente est une surface de révolution, mais dont le foyer postérieur est situé en arrière de la rétine* (fig. 10).

F' dans ce cas est situé en arrière de la rétine R; le rayon SI parallèle à l'axe principal ne donnera pas en R une image nette, puisqu'il rencontre l'axe en F'. Un point situé entre l'infini et l'œil sera encore moins bien perçu, puisque son image ira se former au delà de F'. Il n'y a que les rayons *convergents* qui puissent dans un œil hypermétrope aller rencontrer R.

Le rayon KI' sera, par exemple, dans ce cas; il semble provenir d'un point *r*, où son prolongement géométrique rencontre l'axe. Seuls, les rayons provenant de ce point pourront

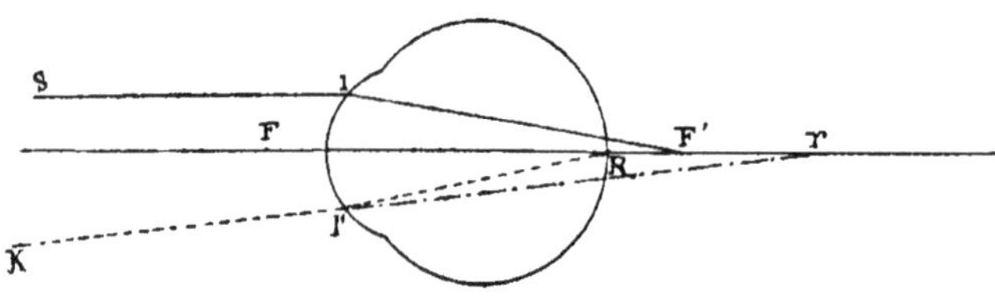

Fig. 10.

donner une image nette sur la rétine qui est son foyer conjugué.

r est le *remotum* de l'œil hypermétrope; ce remotum est situé sur l'axe, *en arrière de l'œil*, à une distance *finie*; il est *virtuel*.

En résumé, la *rétine* est toujours le *foyer conjugué du remotum* quand l'œil est au repos.

Dans l'œil emmétrope, le remotum est *à l'infini*.

Dans l'œil myope, il est *en avant de l'œil, fini, réel*.

Dans l'œil hypermétrope, il est *en arrière de l'œil, fini, virtuel*.

Mais dans les amétropies, le remotum est très variable, et c'est sa détermination qui indique le degré d'amétropie : myopie ou hypermétropie.

Plus il est *rapproché* de l'œil, plus le degré d'amétropie est *élevé*. On mesure sa distance, en comptant à partir du foyer principal antérieur du dioptre-œil. Elle peut être déduite de la puissance réfringente de la lentille qui transforme l'œil amétrope en emmétrope (cette lentille est dite *correctrice*), ce qui arrivera lorsque le foyer de la lentille négative ou positive coïncidera avec le remotum de l'œil amétrope.

L'inverse du pouvoir réfringent de la lentille indiquera sa distance focale et par suite la situation du remotum.

On dit ainsi qu'un œil est myope ou hypermétrope de 1, 2, 3, 4 Dioptries (1), lorsque son remotum est situé à $\frac{100}{1}$, $\frac{100}{2}$, $\frac{100}{3}$, $\frac{100}{4}$ etc. ; 1 mètre, $0^{m},50$, $0^{m},33$, $0^{m},25$ centimètres en avant ou en arrière du foyer antérieur de l'œil.

La recherche de ce *remotum* est donc très importante, puisqu'elle nous permet de diagnostiquer l'état de réfraction.

Chez l'homme, on peut faire cette recherche par des méthodes objectives et subjectives.

Les méthodes subjectives, méthodes de Donders, des optomètres, ne peuvent être employées chez les animaux.

Les méthodes objectives seules sont utilisables.

Parmi ces méthodes, deux sont importantes : la détermination par la *kératoscopie* et par l'*examen du fond de l'œil à l'image droite* (Voy. p. 43).

4° Astigmatisme. — *Lorsque le système optique équivalent à l'œil ne peut plus être représenté par une surface de révolution*, c'est-à-dire ayant même courbure dans tous ses méridiens, *on dit que l'œil est astigmate.*

Les courbures peuvent varier d'un méridien à l'autre et parfois même dans le même méridien, à la suite de lésions cornéennes (kératites, taies) ou de malformations congénitales (kératocone), à la suite de déplacement du cristallin, etc. Dans ce cas, l'œil est atteint d'*astigmatisme irrégulier.*

Mais si le dioptre-œil, tout en n'étant pas une surface de révolution autour d'un axe, possède des méridiens dont la courbure varie progressivement de l'un à l'autre et reste constante dans l'étendue d'un même méridien, on dit que l'œil est atteint d'*astigmatisme régulier.*

Le méridien de plus petite courbure et le méridien de plus grande courbure sont les *méridiens principaux* et *la différence de réfraction entre eux indique le degré d'astigmatisme.*

L'astigmatisme est dû à une affection soit de la cornée, soit du cristallin, d'où : *astigmatisme cornéen, astigmatisme cristallinien.*

Deux cas peuvent se présenter : 1° un des foyers d'un des

(1) La Dioptrie est le pouvoir réfringent de la lentille dont le foyer est à 1 mètre ou 100 centimètres. La puissance réfringente d'une lentille et sa distance focale sont en raison inverse ; une lentille de 4 D a pour dist. focale $\frac{100}{4} = 25^{cms}$ et réciproquement, une lentille de 25^{cms} de dist. focale a pour puissance réfringente $\frac{100}{25} = 4$ D.

méridiens principaux coïncide avec la rétine; 2° aucun foyer des méridiens principaux ne coïncide avec la rétine.

Dans le premier cas, un méridien est emmétrope et l'autre amétrope : myope ou hypermétrope; il y a *astigmatisme simple.*

D'où :

Astigmatisme myopique simple.

Astigmatisme hypermétropique simple.

Dans le second cas, les deux méridiens sont myopes ou hypermétropes, ou bien l'un est myope et l'autre hypermétrope; d'où deux nouvelles variétés d'astigmatisme : *composé* et *mixte.*

Astigmatisme myopique composé (tous deux myopes).

Astigmatisme hypermétropique composé (tous deux hypermétropes).

Astigmatisme mixte (l'un myope, l'autre hypermétrope).

Si le méridien vertical est le plus réfringent, l'astigmatisme est dit : *selon la règle, conforme à la règle.*

Dans le cas contraire, c'est-à-dire si le méridien horizontal est le plus réfringent, l'astigmatisme est dit : *contraire à la règle.*

II. — Réfraction dynamique.

ACCOMMODATION.

Si la réfraction de l'œil restait toujours la même, l'homme et les animaux ne pourraient voir nettement que les objets placés au remotum. Or, nous voyons, ainsi que les animaux, à des distances variables. Il faut donc que la réfraction de l'œil se modifie suivant les distances des objets perçus.

L'œil possède, en effet, le pouvoir d'augmenter sa propre réfraction par une augmentation de courbure du cristallin, qui résulte des contractions du muscle ciliaire. Que cette *accommodation* se fasse d'après la théorie d'Helmholtz ou celle de Tscherning, elle est très importante chez l'homme, et a été l'objet de nombreux travaux.

De ce qui se passe chez l'homme, nous pouvons supposer ce qui se passe chez les animaux. On a bien étudié la structure de leur muscle ciliaire, mais on n'a pas cherché à mesurer leur pouvoir accommodatif, on n'a pas essayé de savoir à quelle distance était le point le plus près qu'ils puissent distinguer, leur *proximum.*

Si l'on connaissait leur proximum et leur remotum, la différence nous indiquerait l'augmentation de pouvoir réfringent dont l'œil est capable: l'*amplitude d'accommodation.*

Il faut avouer qu'on ne peut avoir des résultats bien précis. La méthode subjective chez l'homme est la seule employée.

Nous avons eu recours à un procédé objectif pour nous rendre compte de combien pouvait varier la réfraction statique chez le cheval.

En instillant dans les yeux des chevaux un collyre au sulfate d'ésérine à $\frac{0,05}{10}$, on arrive à déterminer une contracture du muscle ciliaire et à augmenter par conséquent le pouvoir réfringent. Malheureusement, le myotique agit énergiquement sur le sphincter de l'iris qui se contracte, la pupille devient très petite et cela gène beaucoup pour observer les résultats.

Les chevaux qui nous ont servi avaient eu leur remotum déterminé; puis, après huit jours d'usage des myotiques, nous avons recherché leur nouvel état de réfraction. Nous avons toujours trouvé une augmentation de 0,75 à 1 Dioptrie.

Nous ne pouvons évidemment considérer ces résultats comme nous permettant de mesurer l'accommodation des chevaux; ce pouvoir cependant parait faible et cela est facile à comprendre.

L'accommodation est en rapport avec la convergence et la vision binoculaire.

Or, à quelle distance les axes optiques des yeux des chevaux cessent-ils de converger?

Nous avons trouvé que la distance qui séparait les yeux du dernier point de rencontre des axes optiques était de $0^{m},65$ centimètres environ, ces axes optiques étant tangents aux naseaux.

Pour voir à cette distance, il faut $\frac{100}{65} = 1,5$ D. environ; c'est-à-dire qu'il suffit d'ajouter une lentille convexe de 1,5 D. à l'œil au repos pour voir à cette distance.

Il n'y a donc rien d'étonnant que nous ayons trouvé une faible amplitude d'accommodation, puisque ces animaux ne peuvent pas converger en deçà de 60 à 65 centimètres.

CHAPITRE III

MÉTHODES D'EXPLORATION DE L'ŒIL

Avant d'aborder l'étude de l'œil sur le vivant, il est indispensable d'exposer les méthodes qui permettent de l'explorer.

L'examen de l'œil, pour être complet, doit être fait à *l'œil nu*, à *l'éclairage latéral* ou *oblique*, à *l'ophtalmoscope*. Chacune de ces méthodes donne des résultats qui se complètent, et toutes les trois doivent être employées *systématiquement*.

I. — Examen à l'œil nu.

Ce procédé d'exploration ne peut évidemment s'adresser qu'au segment antérieur de l'œil.

On examinera avec beaucoup de soin les paupières, les voies lacrymales, la conjonctive, la cornée, la chambre antérieure, l'iris et même les couches antérieures du cristallin. Nous n'insisterons ici sur aucune de ces parties, les unes ne faisant pas partie de notre cadre, les autres étant mieux étudiées par le procédé suivant.

II. — Examen à l'éclairage oblique ou latéral.

Cet examen est facile à pratiquer dans la médecine vétérinaire. Il présente un intérêt capital pour le diagnostic des irido-choroïdites récentes ou anciennes, et tout praticien doit savoir le pratiquer.

Instruments nécessaires. — On se sert d'une lampe à huile ou à pétrole avec réflecteur si possible et d'une lentille biconvexe de 15 Dioptries environ. La lumière du soleil ne peut être utilisée.

Préparatifs. — Si l'examen doit se borner à la cornée et à la face antérieure de l'iris, on ne fera pas d'atropinisation ; si au contraire, on veut mettre en évidence les lésions du cristallin et les adhérences de l'iris, on fera une instillation avant l'examen.

Manière de procéder. — L'animal sera conduit dans un local aussi sombre que possible. Une chambre noire n'est pas indispensable, un coin suffira souvent. Il sera maintenu par un aide, tandis qu'un autre tiendra la lampe à la disposition du vétérinaire. Cette lampe sera placée du même côté que l'œil à examiner et à sa hauteur, soit en avant, soit en arrière, de manière que les rayons lumineux atteignent l'œil obliquement.

Puis, le vétérinaire interposera entre l'œil de l'animal et la lampe la lentille biconvexe tenue avec deux doigts, à moins qu'elle ne soit pourvue d'un manche, comme le représente la figure 11 ayant rapport à l'œil humain.

La lentille fait converger vers son foyer tous les rayons du faisceau lumineux qui tombe sur elle, de sorte qu'à ce point l'éclairage est maximum. Donc, pour que les régions examinées soient bien éclairées, il est nécessaire de les faire coïncider autant que possible avec le foyer de la lentille. Le vétérinaire fera approcher la lampe à 20 ou 30 centimètres et éloignera ou rapprochera de l'œil sa lentille, jusqu'à ce qu'il ait obtenu le maximum de l'éclairement.

En déplaçant la lentille ou la source lumineuse, suivant les mouvements de l'animal et les régions qu'ont veut explorer, on pourra examiner très minutieusement la *cornée*, la *chambre antérieure*, l'*iris* et les *couches antérieures du cristallin*.

Pour mieux voir les détails de la région examinée on pourra,

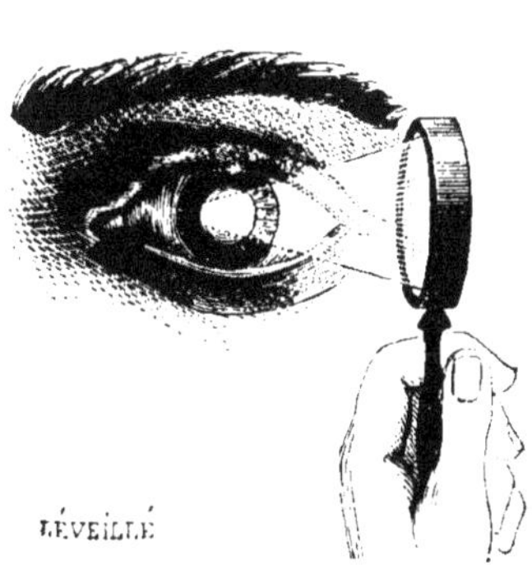

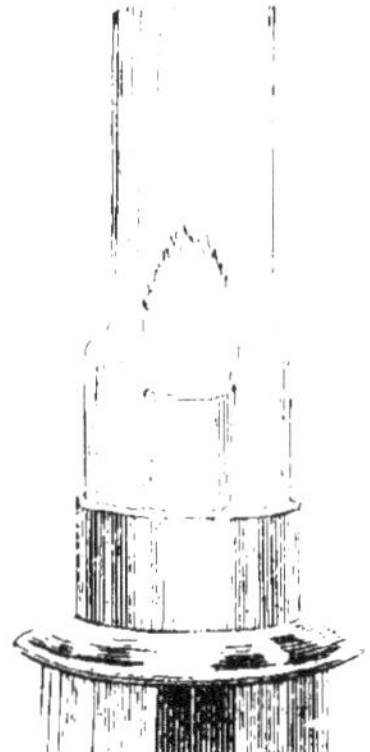

Fig. 11. — Éclairage latéral.

dans certains cas, les grossir au moyen d'une loupe tenue devant l'œil de l'observateur.

Cornée. — Les ulcérations les plus superficielles, les taies les plus légères ne peuvent échapper. Pour les ulcères plus profonds, on explorera leurs bords, leurs parois, on se rendra compte de leurs limites et de leur état, ce qui est impossible à l'œil nu.

On se rendra surtout un compte exact des infiltrations cornéennes, de la vascularisation de cette membrane, dans les cas de kératites diffuses, ou infectieuses.

Souvent enfin, ce procédé révèlera l'existence de corps étrangers qui auraient pu passer inaperçus.

Chambre antérieure. — C'est la seule méthode qui permette d'explorer avec fruit la chambre antérieure.

Celle-ci, transparente dans l'état normal, peut, à l'état pathologique, présenter des troubles séreux, sanguins ou purulents.

Les troubles séreux, presque constamment dus à l'*iritis* ou l'*irido-choroïdite*, sont constitués par des corpuscules très fins ou par des flocons plus ou moins volumineux de fibrine et de leucocytes. Parfois, on voit apparaître à la partie inférieure de la chambre antérieure du véritable pus. Cet amas se présente en général sous la forme d'un croissant à bord concave en haut et se nomme *hypopyon*. Quand ces dépôts sont constitués par du sang liquide ou coagulé, on se trouve en présence d'un *hypohéma*.

On rencontre quelquefois chez les chevaux des corps noirs qu'il ne faudrait pas confondre avec des caillots. Il s'agit en réalité de portions de *grains de suie* qui se sont détachées et jouent le rôle de corps étrangers. Leur couleur noire et leur aspect floconneux permettront de les distinguer très rapidement.

La *profondeur* de la chambre antérieure varie avec certains états pathologiques.

Parfois, elle a complètement disparu à la suite d'une perforation de la cornée ayant laissé écouler l'humeur aqueuse; d'autres fois, l'iris étant venu s'enclaver dans la perforation (hernie de l'iris), elle a disparu dans certains points et considérablement diminué dans d'autres. Quand l'iris est refoulé en avant par un processus glaucomateux, la profondeur de la chambre antérieure diminue également; il en est de même dans les cas d'irido-choroïdite, quand l'humeur aqueuse s'accumule dans la chambre postérieure.

La profondeur augmente au contraire lorsqu'on se trouve en présence de ramollissement du corps vitré, de luxation ou d'absence du cristallin (aphakie).

Iris. — *Diagnostic de l'iritis, de l'irido-choroïdite* (fluxion périodique).

En raison de la fréquence de l'irido-choroïdite chez le cheval, l'examen latéral acquiert ici une grande importance. Le Dr Rolland a, en France, insisté avec juste raison sur ce sujet. Nous le ferons à notre tour.

Nous rappellerons que pour l'examen de l'iris, après avoir examiné à la lumière du jour, sa couleur, sa forme, celle de la pupille, sa réaction à la lumière, il faut faire des instillations de sulfate d'atropine à $\frac{0,05}{10}$ trois quarts d'heure environ avant l'examen. Nous rejetons complètement la pommade à l'atropine du Dr Rolland pour des raisons que nous exposons plus loin.

Sous l'influence de l'atropine, le sphincter de l'iris est paralysé, la pupille devient ovale, puis ronde et s'élargit de plus en plus.

Lorsqu'il n'existe aucune adhérence entre l'iris, le bord pupillaire et la cristalloïde antérieure, la pupille est ronde, régulière, et ne montre sur ses bords que le bourrelet noir de la couche pigmentée.

Mais s'il existe des adhérences, l'aspect change absolument. Celles-ci, qui relient l'iris et en particulier le bord de la pupille à la cristalloïde antérieure, s'appellent des *synéchies postérieures*. L'existence de ces synéchies est extrêmement importante à signaler, car *toute synéchie permet d'affirmer une iritis ou une irido-choroïdite ancienne ou présente*.

Les adhérences se présentent sous forme de petits éperons brunâtres, dont le sommet vient s'implanter sur la cristalloïde. Elles sont constituées par les exsudats fibrineux de l'iritis qui ont agglutiné ensemble le bord pupillaire et le cristallin.

Lorsque ces synéchies ne sont pas totales, et qu'elles laissent entre elles des portions libres de l'iris, la pupille, sous

Fig. 12 et 13. — Synéchies postérieures. Fig. 14. — Synéchies.

l'influence de l'atropine, présente une forme absolument caractéristique, comme le montrent les figures 12 et 13. On comprend facilement à quoi tient cette déformation de la pupille. Le bord libre de l'iris s'est dilaté partout, sauf dans les points où existent les synéchies qui le retiennent et l'immobilisent. L'éperon constitué par l'adhérence irienne devient ainsi extrêmement manifeste.

Lorsque les synéchies occupent toute la circonférence de l'iris, la pupille *ne se dilate pas*. Malgré les mydriatiques, elle ne change pas de forme. Là, encore, cette immobilité permettra d'affirmer qu'il existe des adhérences puissantes et l'éclairage oblique permettra de voir le bord pupillaire accolé au cristallin par une masse brunâtre ou grisâtre qui, dans ce cas, peut même masquer complètement l'orifice. En général, dans ces *occlusions* pupillaires, l'humeur aqueuse s'accumule derrière l'iris, qu'elle refoule en avant, de sorte que la pupille se trouve placée au fond d'un entonnoir formé par le cristallin, les *synéchies* et une portion de l'iris.

Dans certains cas, où les synéchies sont faibles, l'action du mydriatique est assez puissante pour les rompre; la pupille prend alors la forme régulière, arrondie, comme s'il n'y avait jamais eu d'iritis. Mais, ici encore, il est facile de trouver les débris de la synéchie. La pupille en se dilatant a laissé sur la cristalloïde antérieure des stigmates indélébiles, et c'est vers le centre du cristallin, sur sa face antérieure, qu'on retrouvera ces reliquats brun noirâtre, qui permettront par leur forme, leur distribution, leur couleur, d'affirmer l'iritis.

La figure 14 le montre bien. La coloration foncée des adhérences tient à ce qu'elles renferment des cellules de la couche pigmentaire de l'iris.

Il y a un grand intérêt à faire consciencieusement cet examen, particulièrement dans les expertises médico-légales. Il est d'une facilité très grande et les synéchies sont toujours très facilement mises en évidence.

Il ne faudrait pas les confondre avec une persistance de la *membrane pupillaire*. Celle-ci, qui a disparu généralement à la naissance, peut persister dans certains cas extraordinaires. On trouve alors, au-devant de la cristalloïde, un réseau plus ou moins irrégulier où viennent s'insérer un ou plusieurs prolongements de l'iris qui pourraient être pris pour des synéchies; mais en les suivant périphériquement, on voit qu'ils s'élargissent et que leur base s'implante *sur la face antérieure* de l'iris. Cette implantation se fait soit à la périphérie, soit à la partie moyenne, jamais sur le bord pupillaire : *celui-ci est toujours libre*. De plus, cette anomalie congénitale offre absolument l'*aspect du tissu irien : même couleur, même structure apparente*, et elle ne gêne pas les mouvements de la pupille. Ajoutons que la persistance de la membrane pupillaire est une rareté.

Cristallin. — Nous avons vu plus haut combien il est important d'explorer la face antérieure du cristallin pour y retrouver les traces d'une iritis. Ces opacifications qui le recouvrent constituent ce qu'on appelle de « fausses cataractes », puisqu'elles ne dépendent pas du cristallin lui-même, mais des exsudats inflammatoires qui se sont accumulés à sa surface.

Les parties antérieures du cristallin sont aussi facilement explorables, surtout après l'atropinisation. On rencontre fréquemment la cataracte chez les chevaux et celle-ci commence très souvent par les couches corticales. L'existence de points ou de stries blanchâtres ou nacrées sautera aux yeux. On pourra même explorer, par ce procédé, les couches profondes du cristallin et localiser exactement le siège des cataractes.

III. — Examen à l'ophtalmoscope.

Il comprend l'examen ophtalmoscopique proprement dit ou examen du fond de l'œil et la détermination objective de la réfraction.

A. — Examen du fond de l'œil.

L'examen du segment postérieur de l'œil ne peut se faire qu'au moyen de l'ophtalmoscope.

Dans l'œil sain, la pupille paraît absolument noire et il est

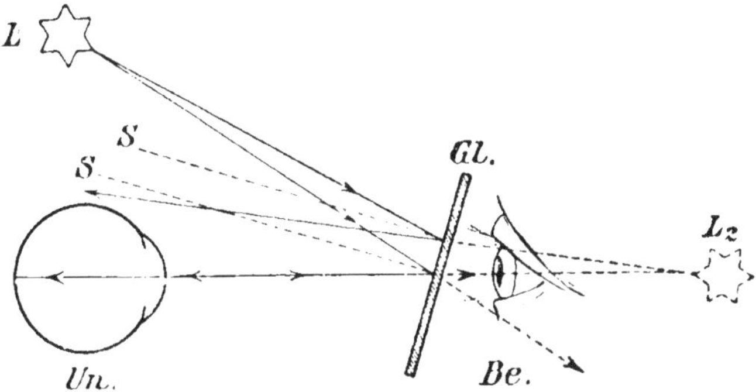

Fig. 15. — Éclairage au moyen d'une lame de verre (*gl*) de l'œil gauche (*un*) d'un sujet examiné.

impossible de voir ce qui existe en arrière de l'iris. Cependant, sous certaines incidences et grâce à la présence du tapis, on peut voir sans le secours d'aucun instrument le fond de l'œil des animaux avec ses reflets brillants, mais il est évident qu'on n'en distingue pas les détails. Si par un artifice, on peut éclairer les membranes profondes de l'œil et percevoir les rayons lumineux qui en sortent, il sera possible de recueillir l'image de ce qui existe en arrière de l'iris.

Il fallait donc trouver un instrument qui permît d'envoyer à travers la pupille un faisceau lumineux et qui permît en même temps à l'observateur de se placer sur le trajet du faisceau émanant de l'œil éclairé.

Helmholtz, en 1851, résolut le problème. En plaçant une source lumineuse latéralement, il renvoya dans l'œil, à l'aide d'une lame réfléchissante et réfringente, les rayons émanés de la source. Dans ces conditions, le fond de l'œil éclairé devient objet lumineux, envoie un faisceau qui rencontre la lame de verre, une partie se réfléchit et l'autre en se réfractant permet à l'observateur placé derrière de voir le globe de l'œil illuminé (fig. 15).

Cette lame primitive a été remplacée par des miroirs plans ou plus souvent concaves, au centre desquels se trouve une surface arrondie non pourvue de tain et qui permet à l'observateur placé derrière de recueillir une partie du faisceau lumineux sortant de l'œil.

Ce miroir plan ou concave est *l'ophtalmoscope*, ainsi nommé parce qu'il permet de voir le fond de l'œil.

Moyen de procéder. — Pour examiner un animal à l'ophtalmoscope, il est nécessaire de prendre quelques précautions qui seront indiquées à propos de chaque méthode. On n'exposera ici que la manière d'éclairer l'œil. Pour cela, saisissant à pleine main droite le manche qui porte le miroir, l'index allongé et maintenant le bord de cette surface réfléchissante, l'ophtalmoscope sera placé au-devant de l'œil droit de l'observateur dans l'angle formé par le nez et l'arcade sourcilière. Le miroir faisant face à la source lumineuse placée toujours du côté opposé à l'œil examiné, l'observateur cherchera par de légers mouvements de bas en haut et de droite à gauche à projeter dans cet œil un faisceau réfléchi venant de la source lumineuse.

Cette source peut être naturelle ou artificielle. Pour l'examen de la plupart des animaux et du cheval en particulier, *la lumière du jour suffit.*

Lorsque l'observateur a réussi dans sa tentative et se trouve sur le trajet des rayons lumineux qui sortent de l'œil observé et lui arrivent par le trou du miroir, la pupille, qui semblait noire, apparaît éclairée, brillante, avec des reflets multicolores chez les animaux sains. Ces reflets sont fournis par le tapis.

Le fond de l'œil transformé ainsi en objet lumineux peut être exploré de deux façons : à l'*image droite* et à l'*image renversée.* Mais avant d'explorer d'une façon précise les membranes profondes, l'ophtalmoscope peut nous donner des renseignements précieux sur le degré de transparence des milieux réfringents ; cet examen à l'*éclairage direct* doit nous arrêter un instant.

1° **Examen à l'éclairage direct.** — Dans cet examen, on ne doit s'occuper que de la transparence des milieux réfringents et nullement de l'exploration des membranes internes. L'observateur se tiendra à 50 ou 60 centimètres de l'animal, ou plus près, si c'est nécessaire.

Nous avons dit que dans l'œil sain, éclairé par l'ophtalmoscope, le champ pupillaire est absolument transparent et

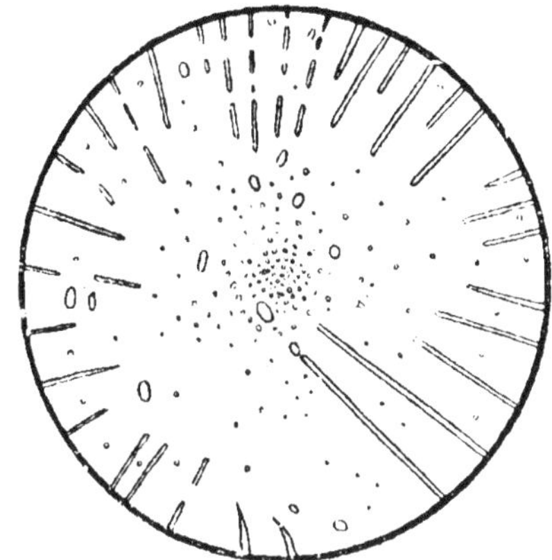

Fig. 16. — Lésion de cataracte commençante.

régulier. Dans le cas contraire, l'éclairage des milieux intra-

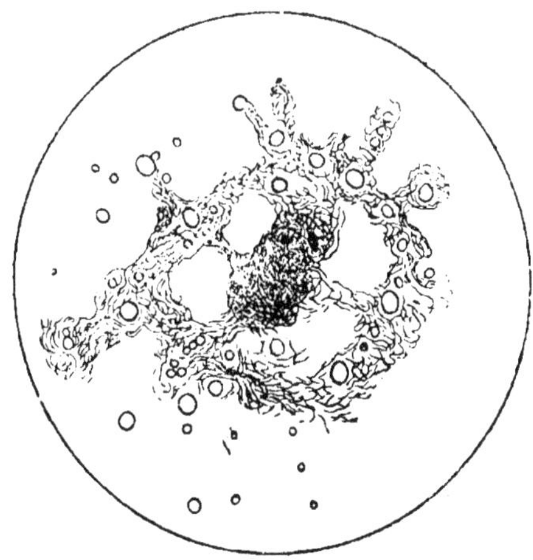

Fig. 17. — Lésion de cataracte commençante.

oculaires décèle l'existence d'opacités extrêmement variables. Elles sont fixes ou mobiles.

Fixes, c'est-à-dire ne se déplaçant que lorsque l'œil se déplace, l'accompagnant dans tous ses mouvements, et s'arrêtant avec lui, elles siègent dans les milieux transparents solides de l'œil. Le plus souvent, en effet, elles résultent de taies de la cornée ou de troubles du cristallin. La cataracte au début sera facilement diagnostiquée par ce procédé. On reconnaîtra de même des traces d'uvée, signes de synéchies rompues (fig. 12, 13 et 14).

Mobiles, c'est-à-dire se déplaçant indépendamment des mouvements oculaires et dans des sens multiples et variables, ou bien marchant encore, alors que l'œil est arrêté, elles siègent dans l'humeur aqueuse ou dans le corps vitré.

Peut-on savoir facilement si une opacité siège dans le segment antérieur de l'œil, ou dans le segment postérieur. Pour cela, il est nécessaire d'observer son déplacement par rapport aux mouvements du globe de l'œil.

Toutes les opacités qui siègent dans les couches postérieures du cristallin ou dans le corps vitré se déplacent en *sens inverse des mouvements de l'œil* de l'animal, car elles se trouvent en arrière du centre de rotation de l'œil. Celles qui siègent en avant se déplacent dans *le même sens* que l'œil; celles qui siègent dans le cristallin, au centre de rotation, sont fixes.

Pour différencier une opacité d'origine cornéenne d'une opacité cristallinienne antérieure, on aura recours à l'éclairage oblique.

Ce mode d'exploration rend surtout de grands services pour le diagnostic des *cataractes commençantes* (fig. 16 et 17) et des troubles du corps vitré.

Quand il est impossible d'éclairer le segment postérieur de l'œil, on dit que l'œil est *inéclairable*. Les causes qui empêchent cet éclairement proviennent du fond de l'œil le plus souvent; ce sont des *hémorragies* du corps vitré et des *décollements rétiniens*. En pareille circonstance, l'examen des membranes profondes est évidemment impossible.

Cet examen à l'éclairage direct permettra aussi, mieux même qu'à l'éclairage oblique, de se rendre compte de la forme de la pupille après atropinisation. Régulièrement circulaire à l'état normal, elle devient très irrégulière, comme nous l'avons dit déjà, lorsqu'il existe des *synéchies*. On pourra embrasser d'un seul coup d'œil leur nombre et leur étendue.

Après s'être assuré de l'état de transparence des milieux, il faut faire l'examen le plus important; c'est l'exploration des membranes profondes de l'œil.

Celle-ci peut se faire au moyen de deux procédés : à l'*image droite*; à l'*image renversée*.

2° **Examen à l'image droite**. — *Cette méthode est par excellence la méthode vétérinaire*. Elle est simple, facile et applicable en toute circonstance. Le fond de l'œil donne à l'observateur une image *droite* et *virtuelle*, d'où son nom.

Principes. — Quels en sont les principes?

Pour simplifier la question, nous supposerons que l'observateur est ou s'est rendu *emmétrope* et qu'il n'accommode pas, ainsi que le sujet.

Trois cas peuvent se présenter : l'animal observé est emmétrope, myope ou hypermétrope (nous laisserons de côté l'astigmatisme).

1. *Emmétropie.* — S'il est emmétrope, les rayons partis de la rétine sortent parallèles et vont former image en R' au foyer postérieur de O'.

Donc, si la rétine R est suffisamment éclairée par le mi-

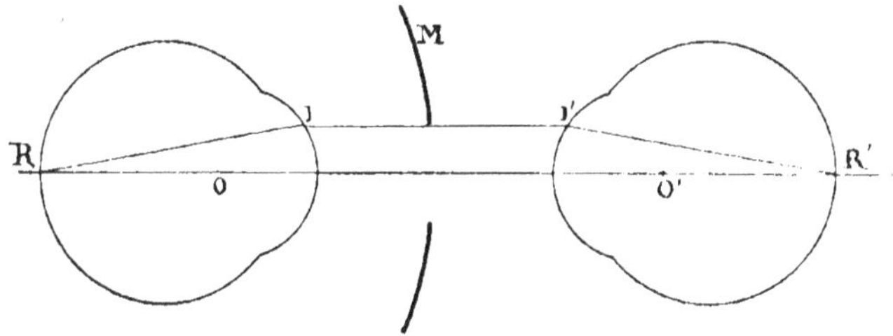

Fig. 18. — Emmétropie.

roir M placé devant l'œil O' de l'observateur, celui-ci aura une image nette de la rétine examinée (fig. 18).

2. *Myopie.* — Si l'œil observé est myope, les rayons sortent en *convergeant* vers le remotum, donc l'observateur ne pourra recevoir sur sa rétine une image nette de la rétine observée. Il lui faudra, pour cela, *rendre parallèles* les rayons qui sortent *convergents* et il y arrivera en mettant sur leur trajet des lentilles divergentes. La lentille dont le foyer coïncidera avec le remotum les rendra *parallèles*. En résumé, l'observateur, en interposant entre le sujet et lui des verres *concaves*, pourra voir le fond d'un œil myope.

3. *Hypermétropie.* — Si l'œil observé est hypermétrope, les rayons sortants seront *divergents*; l'observateur n'aura donc pas une image nette de ce fond d'œil. Pour rendre ces rayons *parallèles*, il lui faudra interposer sur leur trajet des lentilles *convergentes* et le parallélisme sera obtenu lorsque le foyer d'une de ces lentilles coïncidera avec le remotum de l'œil hypermétrope. En résumé, l'observateur, en interposant entre le sujet et lui des verres *convexes*, pourra voir le fond d'un œil hypermétrope.

Pour arriver à explorer à l'image droite les membranes profondes d'yeux myopes ou hypermétropes, on est donc obligé de se servir d'ophtalmoscopes munis de lentilles divergentes et convergentes, dits *ophtalmoscopes à réfraction.*

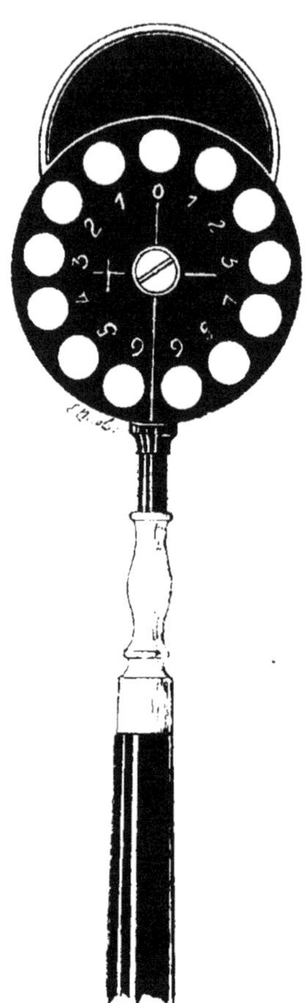

Fig. 19. — Ophtalmoscope à réfraction modifié du professeur Badal.

Manière de procéder a l'examen a l'image droite. — Un seul instrument est nécessaire, c'est *l'ophtalmoscope à réfraction.*

Un des plus commodes et des plus simples est celui de Badal modifié.

En arrière d'un miroir ophtalmoscopique ordinaire, se trouve un disque, percé près de sa circonférence de treize ouvertures, de telle façon que chacune d'elles puisse venir successivement se placer en regard de celle du miroir. D'un côté sont six lentilles positives, portant les numéros de 1 à 6 ; de l'autre, les six lentilles négatives correspondantes. La treizième ouverture est libre. Une légère pression de l'index de la main qui tient l'instrument, en faisant tourner le disque autour de son centre, permet d'employer chacune des lentilles (fig. 19).

Source lumineuse. — L'examen ophtalmoscopique à l'image droite peut être pratiqué avec un éclairage artificiel, mais c'est une complication inutile. *La lumière du jour suffit* et permet un examen direct facile.

Atropinisation. — Il n'est pas indispensable d'avoir une pupille très dilatée ; les dimensions normales permettent l'exploration. Mais le fond de l'œil est bien plus facilement accessible, surtout pour les débutants, après atropinisation. C'est ce dernier moyen que nous conseillons.

Pour dilater la pupille, nous avons toujours fait usage d'une solution de sulfate d'atropine à 1/200. Les pommades employées dans ce but ont un grave inconvénient : elles laissent des dépôts sur la cornée, dépôts qui gênent l'examen ophtalmoscopique et peuvent même fausser les résultats pour des personnes non prévenues.

La dilatation ne commence guère à être manifeste qu'au bout de 25 à 30 minutes. De rectangulaire (chez le cheval)

Fig. 20. — Examen ophtalmoscopique.

qu'elle est à l'état normal, la pupille devient circulaire, possédant un diamètre égal à la longueur du rectangle primitif. Puis, à partir de ce moment, la mydriase progresse également dans tous les rayons, pour être *complète une heure environ après l'instillation*. La pupille ne reprend sa forme primitive que cinq ou six jours plus tard. L'atropine présente encore l'avantage de paralyser le muscle ciliaire et de supprimer toute accommodation. On peut ainsi mesurer, sans craindre de se tromper, la *réfraction statique*. Dans nos recherches, nous n'avons instillé l'atropine que dans un seul œil à la fois aux chevaux observés, et, malgré les troubles légers de la vision qui doivent en résulter, rien dans leur état extérieur n'a pu faire supposer qu'ils éprouvaient une gène notable.

Les instillations d'atropine auront encore l'avantage de montrer s'il existe des synéchies ou des dépôts d'uvée sur la cristalloïde antérieure.

Positions de l'animal, de l'aide et de l'observateur (fig. 20). — La pupille dilatée, l'observateur fait placer l'animal à l'intérieur d'une écurie-dock dont la porte sera fermée pour produire une obscurité relative. L'animal sera placé parallèlement à elle, de telle sorte que l'œil à examiner regarde l'intérieur de l'écurie. Un aide situé du côté opposé tient le bridon d'une main et saisit l'oreille de l'autre. L'examinateur saisit lui-même l'autre oreille et peut ainsi amener l'œil du cheval à hauteur du sien. Il ne reste plus qu'à diriger avec le miroir, dans l'ouverture pupillaire, les rayons lumineux qui viennent de la fenêtre placée au-dessus de la porte. Mais une écurie-dock n'est pas indispensable. L'examen peut se faire à l'entrée d'un local quelconque ou même à l'ombre d'un arbre.

Il faut faire en sorte que la lumière ne soit pas trop vive, ce qui provoquerait les défenses de l'animal. On ne devra employer que des rayons diffus. Cet examen est possible même par un temps couvert.

Pour bien examiner le fond de l'œil, il faut s'approcher aussi près que possible de l'œil de l'animal, aussi près que ses cils le permettent. Si, à travers l'orifice libre on voit nettement, inutile d'employer des verres correcteurs.

Dans le cas contraire, on utilisera les verres dont est muni l'ophtalmoscope.

Avantages de la méthode. — Cette méthode est d'une *application très facile* et sans danger. Dans nos nombreuses observations qui ont porté sur des chevaux nerveux de cavalerie légère, nous n'avons jamais vu la possibilité d'un accident; c'est qu'en effet, l'observateur tenant une oreille est protégé contre les mouvements brusques de l'animal auquel il est relié directement par le bras. Grâce à cette fixation, on peut suivre les mouvements de l'œil de l'animal et retrouver vite la région perdue.

Cette méthode ne demande *aucun préparatif* et l'appareil nécessaire est un simple ophtalmoscope à réfraction.

Elle permet de connaître très rapidement l'*état de la réfraction*.

Elle n'exige pas un long apprentissage, comme l'examen à l'image renversée.

Le grossissement de l'image ophtalmoscopique est beaucoup plus fort que dans l'examen à l'image renversée.

En somme, c'est le meilleur procédé d'exploration des membranes profondes, sinon de détermination de la réfraction. C'est le plus simple et le *seul pratique dans la médecine vétérinaire.*

3° **Examen du fond de l'œil à l'image renversée.** — *Principe de la méthode.* — Au lieu de considérer la rétine comme un écran fait pour recevoir les images des objets, nous devons la considérer, dans l'examen ophtalmoscopique, comme un objet lumineux d'où émanent des rayons qui sortiront *parallèles*, si l'œil est emmétrope, *convergents* s'il est myope, *divergents* s'il est hypermétrope (fig. 21).

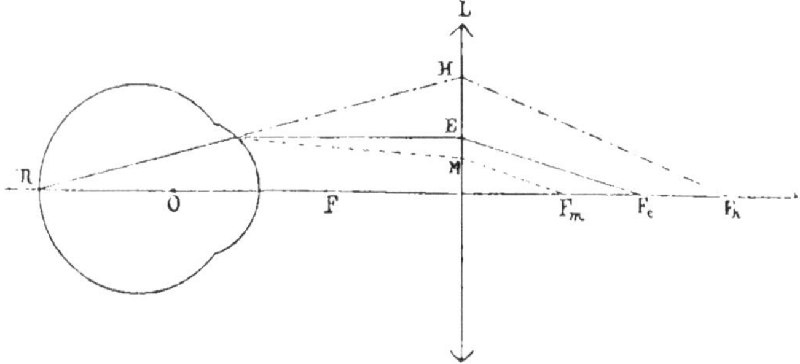

Fig. 21. — Hypermétropie.

Il en résulte que, si on peut par un artifice quelconque rendre convergents tous ces rayons, on obtiendra une image rétinienne aérienne *réelle* du fond de l'œil. De plus, cette image sera *renversée* : donc, tout ce qui sera à droite devra être rapporté à gauche dans l'œil, ce qui sera vu en bas correspondra à ce qui est en haut.

Pour les yeux myopes, aucun artifice n'est nécessaire puisqu'ils possèdent une image aérienne de la rétine, au *remotum.*

Les yeux emmétropes et hypermétropes d'où émanent des rayons parallèles et divergents ne peuvent fournir cette image. C'est pour cela qu'on se sert d'une lentille convexe de 14 à 15 Dioptries environ qui, placée sur le trajet des rayons sortant de l'œil, les fait converger fortement vers son foyer.

L'image du fond de l'œil se forme au foyer principal de la lentille pour l'œil emmétrope, *au delà* pour l'œil hypermétrope et *en deçà* pour l'œil myope, ainsi que le montre la figure 21.

En se plaçant dans des conditions telles qu'on puisse voir

l'image aérienne, on pourra ainsi faire une exploration des membranes profondes de l'œil.

Manière de procéder. — Deux instruments sont nécessaires : l'*ophtalmoscope*, qui sert à éclairer l'œil, et la *lentille convexe* de 14 à 15 Dioptries, qui sert à fournir l'image aérienne. L'ophtalmoscope dont on se sert est en général un miroir concave.

L'animal sera atropinisé.

Voici dans quelles conditions il faut se placer.

Local. — Choisir un local où l'on puisse faire une obscurité assez complète, car à la lumière du jour l'image aérienne ne pourrait être perçue.

Source lumineuse. — La source lumineuse sera *artificielle*, les rayons solaires ne pouvant être utilisés en raison de leur trop vif éclat.

Une lampe à huile ou à pétrole sera tenue par un aide. Elle sera placée du côté de la tête de l'animal opposé à l'œil examiné et un peu au-dessus. Un autre aide tiendra l'animal immobile. Pour les petits animaux, lapins, chats, chiens, etc., on peut les examiner dans une chambre noire ordinaire ; dans ce cas, il n'est pas besoin d'aide pour tenir la source lumineuse qui est fixe et repose sur une table, par exemple.

L'observateur, placé à 60 centimètres environ en avant et du côté de l'œil à examiner, applique au-devant de son œil, sous le rebord orbitaire, le miroir ophtalmoscopique et envoie dans l'œil de l'animal les rayons lumineux provenant de la source qui est placée au-devant de lui. Il arrive un moment, en procédant comme nous l'avons dit plus haut, où la pupille devient brillante et où le fond de l'œil apparaît avec ses reflets multicolores.

Prenant alors la lentille convexe qui accompagne l'ophtalmoscope, entre le pouce et l'index gauches, et se servant de l'auriculaire et de l'annulaire pour prendre un point d'appui sur le crâne de l'animal au pourtour de l'orbite, on interpose ladite lentille sur le trajet des rayons lumineux allant de l'animal à l'observateur. On doit chercher alors à voir l'image renversée et réelle du fond de l'œil, en avant de cette lentille, vers son foyer principal. Ensuite on déplacera celle-ci en avant ou en arrière jusqu'à ce qu'on obtienne une image nette.

Emploi en vétérinaire. — La méthode que nous venons de décrire est la plus employée en ophtalmologie humaine ; mais il n'en peut être de même en médecine vétérinaire. Elle n'est guère utilisable que pour les petits animaux, tels que les lapins, les chats, les chiens, et encore la méthode à l'image droite est-elle préférable ; mais il ne saurait en être question pour les animaux volumineux tels que les chevaux, les bœufs, etc., qu'il est plus difficile d'immobiliser. De plus, elle exige beaucoup trop de précautions. Il est parfois difficile de trouver un local où l'on puisse faire l'obscurité, cela demande en tout cas des préparatifs longs et ennuyeux; il faut se procurer une lampe qui souvent doit être tenue par un aide; il faut faire prendre à la tête et à l'œil de l'animal une situation convenable; le plus souvent, chez les animaux un peu forts et peureux, les mouvements continuels du patient empêchent tout examen; enfin, et c'est sûrement là le plus grand défaut, c'est que cette méthode exige un long apprentissage, pour arriver à saisir et à voir bien nettement l'image aérienne.

Les inconvénients sont nombreux, et cependant, cette méthode d'exploration présente un avantage sur l'exploration à l'image droite, c'est d'embrasser très rapidement et d'un seul coup une grande étendue du fond de l'œil.

Néanmoins, l'examen à l'image renversée ne peut être qu'une méthode d'exception en vétérinaire, que nous n'avons jamais employée dans nos recherches qu'à titre d'expérience.

B. — Détermination de la réfraction statique.

L'examen de l'œil ne doit pas se borner à l'étude de l'état des membranes profondes, il faut aussi connaître quel est l'état de la réfraction de l'œil examiné.

Chez les animaux, on ne peut avoir recours aux procédés subjectifs qu'on emploie chez l'homme (méthode chromatique, boîte de verres, optomètres); on doit se borner aux procédés objectifs.

Ici encore, c'est l'ophtalmoscope qui nous permettra cette étude, et cela de plusieurs façons. En vétérinaire, deux méthodes seulement sont pratiques : l'*examen à l'image droite* et l'*examen kératoscopique*.

1° **Détermination de la réfraction par l'examen à l'image droite.** — On doit, pour cet examen, se servir d'un ophtalmoscope à réfraction. L'observateur *ne doit pas accommoder* et l'observé doit avoir son *accommodation paralysée*. On se placera comme nous l'avons indiqué pour l'examen des membranes profondes à l'image droite.

Nous avons vu plus haut que *le verre qui permettait de voir le fond de l'œil observé était celui dont le foyer principal coïncidait avec le remotum de cet œil.*

Il en résulte que si nous connaissons la puissance réfringente de ce verre, nous connaîtrons son foyer et par là même le *remotum*.

Pour faire cette détermination, il faut s'approcher aussi près que possible de l'œil de l'animal, à 4 ou 5 centimètres en pratique, et chercher à voir les vaisseaux rétiniens au niveau de la limite inférieure du tapis clair un peu en avant de la papille, ou les points bleus ou verts de cette région. Trois cas alors peuvent se présenter.

1. *Emmétropie.* — L'ophtalmoscope étant au 0, l'observateur voit nettement les vaisseaux et la région précités ; il fai tourner la roue pour amener devant le trou central un verre convexe de 1 D. : la netteté de l'image diminue, c'est que l'œil observé est *emmétrope.*

2. *Hypermétropie.* — L'ophtalmoscope étant au 0, le fond de l'œil apparait diffus et pour le voir nettement, il faut faire passer successivement des verres convergents de + 1, + 2, + 3 Dioptries, jusqu'à ce que l'image, après *avoir été nette, devienne floue.*

Le verre convexe le plus fort qui permettra l'examen donnera la situation du remotum et par suite *le degré d'hypermétropie.*

Exemple : Si avec un verre de + 2 Dioptries on voit nettement le fond de l'œil, cela veut dire que *le foyer de la lentille correctrice et le remotum de l'œil coïncident*, qu'ils sont situés tous deux à $\frac{100}{2} = 0^m,50$. Si l'observateur est très près de l'animal, l'œil doit être considéré comme *hypermétrope* de 2 Dioptries. Le *numéro de la lentille donne donc le degré d'amétropie.*

Mais si au lieu de se tenir au voisinage du foyer antérieur de l'œil de l'animal, le vétérinaire se tient, par crainte, à 10 ou 20 centimètres, il faudra, pour avoir la situation du remotum, retrancher de la distance focale de la lentille correctrice l'espace qui sépare l'observateur de l'observé.

Exemple : On voit nettement un fond d'œil avec un verre de + 2 D. et l'espace qui sépare l'œil de l'observateur de celui de l'animal est de 20 centimètres. Quelle est l'hypermétropie de ce dernier ?

Le foyer de la lentille et le remotum coïncidant, ce dernier se trouve à 50 centimètres de l'observateur, et par conséquent à $0^m,50 - 0^m,20 = 30$ centimètres du foyer antérieur de l'œil du patient ; celui-ci ayant son remotum à 30 centimètres possède une hypermétropie de $\frac{100}{30} = 3,33$ Dioptries.

Dans ce cas, la lentille ne donne pas directement le degré d'amétropie et la méthode perd un de ses grands avantages : la rapidité.

En se tenant à 4 ou 5 centimètres, comme l'hypermétropie est toujours assez faible, chez le cheval du moins, les erreurs d'appréciation sont insignifiantes.

3. *Myopie.* — L'ophtalmoscope étant au 0, le fond de l'œil est flou ; un verre convexe le rend plus diffus encore, un verre *concave*, au contraire, le rend plus net.

Le verre concave le plus faible qui permettra l'examen indiquera le degré de myopie.

Là, surtout, il est indispensable que l'observateur n'accommode pas.

Par un raisonnement analogue au précédent, en se plaçant dans les mêmes conditions, nous montrerions que si un verre concave de — 2 D. permet l'examen à l'image droite, c'est que l'œil est *myope* de 2 Dioptries.

Avantages de la méthode. — Cette méthode présente un avantage incontestable : c'est qu'elle permet de connaître en même temps l'état des membranes profondes et celui de la réfraction, puisque l'examen à l'image droite ne peut être pratiqué que si l'anomalie de réfraction est corrigée. Elle est extrêmement rapide et cependant elle présente des inconvénients que nous devons faire connaître.

Inconvénients. — Elle demande un certain entraînement qu'on ne peut exiger d'un praticien obligé de savoir des choses trop diverses. De plus, l'observateur doit relâcher son accommodation, ce qui, chez les hommes jeunes, n'est point toujours facile, le spasme accommodatif étant indépendant de la volonté.

Nous ne conseillons donc pas d'employer ce procédé pour la mesure de la myopie, à moins que l'observateur ne puisse plus accommoder ou qu'il n'en ait une extrême habitude.

Cette méthode permet difficilement de mesurer l'astigmatisme, pour quelqu'un de peu habitué. On n'explore, en général, que les vaisseaux verticaux de la partie supérieure de la papille, parce que ce sont les plus faciles à examiner, les vaisseaux horizontaux plongés dans le tapis sombre étant moins visibles.

Comme les vaisseaux verticaux correspondent à la réfraction du méridien horizontal qui est le moins réfringent (Voy. *Réfraction chez le cheval*), il en résulte qu'on trouvera toujours de l'hypermétropie assez nette.

Il ne faudrait pas en conclure que tous les méridiens sont hypermétropes, car souvent le méridien vertical est emmétrope ou myope.

Il est vrai qu'en pratique cela n'a pas grande importance.

l'astigmatisme normal, chez le cheval, ne dépassant pas 0,25 à 0,50 D. environ.

Pour arriver à une détermination exacte de la réfraction, il vaut mieux avoir recours à la *kératoscopie*.

2° **Kératoscopie ou méthode de Cuignet.** — Il existe encore une méthode pour déterminer l'état de réfraction des yeux, basée exclusivement sur des phénomènes objectifs : c'est la *kératoscopie* ou *méthode de Cuignet*. La kératoscopie, mot le

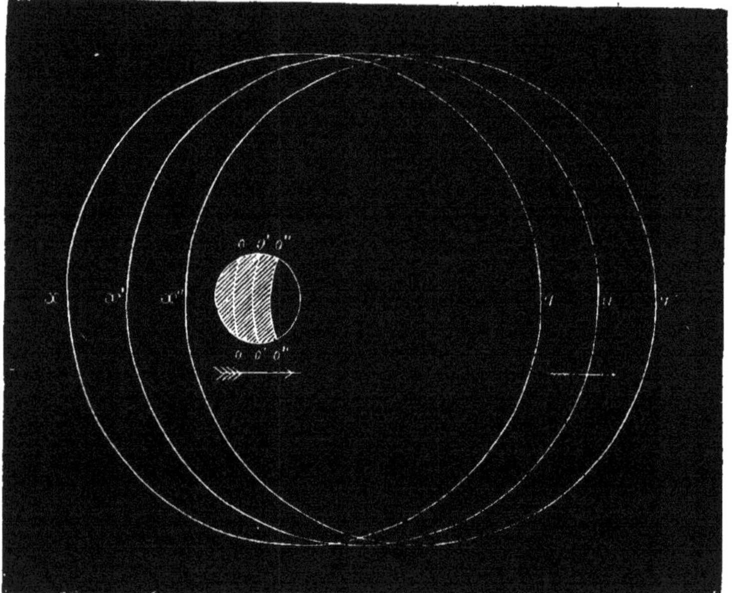

Fig. 22. — Marche de l'ombre directe.

plus communément employé, se nomme encore *rétinoscopie*, *skiascopie*, etc., toutes ces dénominations sont impropres et inexactes. La seule qui convienne, parce qu'elle n'implique nullement la théorie du phénomène, est celle de *méthode de Cuignet*, du nom de l'ophtalmologiste français qui l'a découverte.

C'est une méthode facile, simple, à la portée de tous, et que nous recommandons spécialement dans la pratique vétérinaire.

Dans ce manuel, nous n'exposerons que le côté pratique, laissant à ceux qui voudront étudier les théories émises le soin de se reporter aux traités humains.

En quoi consiste donc la méthode de Cuignet ?

Quand on projette dans un œil, avec un miroir ophtalmoscopique, des rayons lumineux, la pupille tout entière est éclairée. Si on vient à déplacer le miroir à droite ou à gauche, de haut en bas ou de bas en haut, on voit dans le champ éclairé se produire une ombre qui part du bord pupillaire et se déplace avec le miroir.

C'est l'existence de cette ombre qu'il faut constater, et c'est

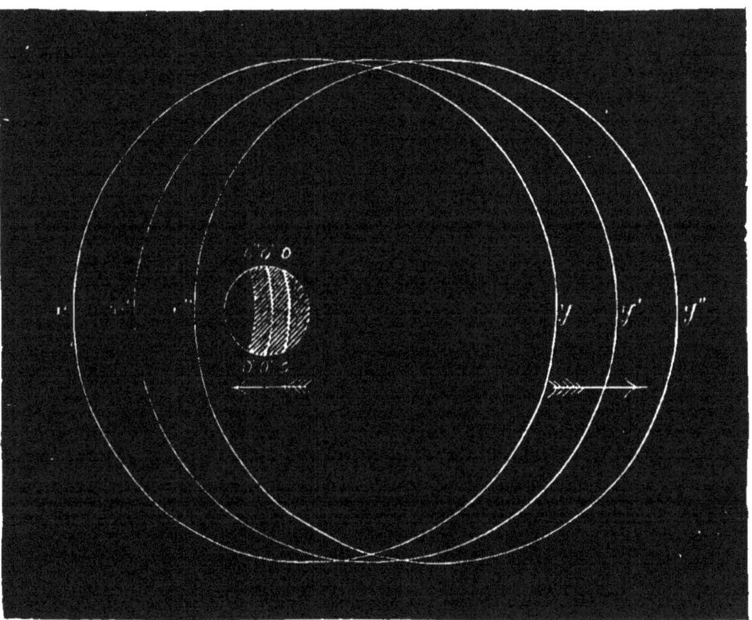

Fig. 23. — Marche de l'ombre inverse.

sa marche en *sens inverse* ou en *sens direct* qui permet de connaître la réfraction statique.

L'ombre est directe quand elle se déplace dans le sens des déplacements du miroir (fig. 22).

L'ombre est inverse quand elle se déplace en sens contraire des mouvements du miroir (fig. 23).

Cette marche varie non seulement avec l'état de réfraction, mais aussi avec le miroir qu'on emploie ; miroir concave ou miroir plan.

Les miroirs des ophtalmoscopes étant presque *toujours concaves*, voici ce qui se passe dans ce cas.

Nous supposerons que *l'observateur se place à 1 mètre de l'animal observé* ; c'est-à-dire qu'il est au remotum d'un myope de 1 Dioptrie.

Trois faits peuvent être constatés :

1° L'ombre est inverse ;

2° L'ombre est directe ;

3° L'ombre est nulle ;

1° *Si l'ombre est inverse*, l'œil est *hypermétrope, emmétrope* ou *myope de moins de 1 dioptrie* ;

2° *Si l'ombre est directe*, l'œil est *myope de plus de 1 Dioptrie* ;

3° *Si l'ombre est nulle ou indécise*, c'est le *point neutre* et l'œil est *myope de 1 Dioptrie.*

La distance qui sépare l'observateur de l'observé a donc une importance qui ne doit pas échapper.

En résumant cela, on peut dire que : l'ombre pupillaire possède *une marche inverse* dans tous les cas où le *remotum n'est pas entre l'observé et l'observateur* ; quand il *est entre eux deux, l'ombre est directe.*

Une fois cette constatation faite, il est facile de déterminer la réfraction.

Il faut arriver à obtenir le point neutre, à rendre l'œil myope de 1 D., et il suffira alors de retrancher ou d'ajouter cette Dioptrie aux lentilles convexes ou concaves placées devant l'œil de l'animal, pour avoir la réfraction vraie.

Ex. : Supposons que la marche de l'ombre soit inverse : il faut savoir s'il s'agit d'hypermétropie, d'emmétropie ou de myopie $<$ 1 Dioptrie.

Mettez devant l'œil de l'animal une lentille sphérique convexe de + 1 D. et cherchez de nouveau la marche de l'ombre.

1° Si l'ombre est directe, c'est que l'œil est rendu myope de plus de 1 Dioptrie ; il fallait qu'il le fût déjà.

2° S'il n'y a plus d'ombre, c'est que l'œil est devenu myope de 1 Dioptrie ; il s'agit alors d'emmétropie.

3° Si l'ombre est encore inverse, c'est qu'il s'agit d'hypermétropie ; dans ce cas on mettra devant l'œil des lentilles convexes plus fortes, jusqu'à ce qu'on arrive au point neutre.

La valeur réfringente de la lentille, diminuée de 1 Dioptrie, indiquera le degré d'amétropie ; si la lentille + 3 D. fait cesser la marche inverse, c'est que l'œil examiné est atteint d'une hypermétropie de + 3 D. — 1 D. = 2 Dioptries.

En résumé, voici comment on doit procéder :

MARCHE DIRECTE. — Myopie > 1 D.	MARCHE INVERSE. — 1° M. < 1 D.; 2° Em.; 3° Hyperm.	POINT NEUTRE. — Myopie = 1 D.
Le n° du verre concave qui fait cesser la marche directe, augmenté de 1 D. donne le degré de myopie Ex.: le verre concave de 1 D. fait cesser la marche directe; M = (— 1 D.) + (— 1 D.) = — 2 D.	Placer devant l'œil le verre convexe de 1 D.; 3 cas peuvent se produire : 1° *La marche devient directe*, c'est qu'*il y a myopie* < 1 D.; remplacer alors le verre convexe de 1 D., successivement par les verres + 0,75, + 0,50, + 0,25 et celui de ces verres qui donnera le point neutre diminué de 1 D. donnera le degré de M. Ex.: c'est + 0,75 qui donne le point neutre M = + 0,75 — 1 = — 0,25 D. 2° *On a le point neutre*, c'est qu'*il y a emmétropie*. 3° *La marche est toujours inverse*, c'est qu'*il y a hypermétropie*; remplacer alors le verre convexe de 1 D., successivement par des verres convexes plus forts de 1,5; 2; 2,50; 3; et celui de ces verres qui donnera le point neutre diminué de 1 D. donnera le degré d'H. Ex.: + 2,50 donne le point neutre H. = 2,50 — 1 = 1,50 D.	Un verre convexe donne une ombre directe. Une lentille concave donne une ombre inverse

Moyen de pratiquer. — 1° Dilater la pupille avec des instillations de collyre à l'atropine à $\frac{0,05}{10}$ qui devront être faites une heure environ avant l'examen. Grâce à ce moyen, on a une pupille ronde, large, qui permet un examen facile.

2° L'observateur muni d'un *miroir concave* se place à *1 mètre* de l'œil du cheval et fait en sorte que son miroir se trouve à la hauteur de l'œil de l'animal, de façon à projeter le faisceau lumineux sur la partie inférieure du tapis clair, dans la région de la macula.

3° L'observateur éclaire la pupille, en se servant de la lumière du jour, comme nous l'avons déjà expliqué pour l'image droite et l'éclairage direct, et il cherche la marche de l'*ombre pupillaire*.

4° Suivant qu'elle est directe, ou inverse, il fait placer devant l'œil de l'animal, par un aide, des lentilles sphériques concaves ou convexes. Afin de les tenir facilement, nous recommandons de se servir du porte-verre (fig. 24) que nous avons employé dans nos recherches. L'observateur cherche,

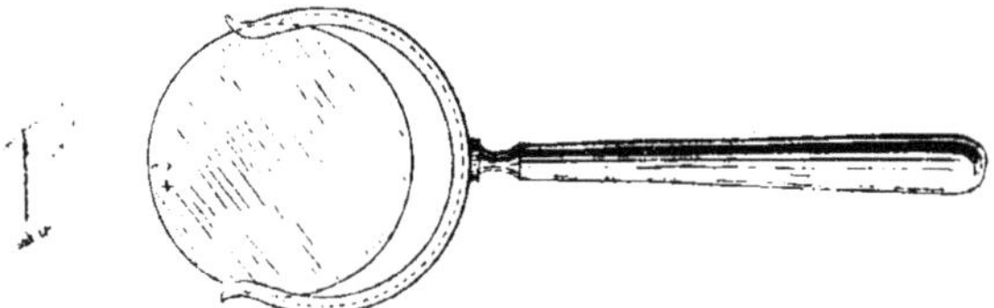

Fig. 24. — Porte-verre pour l'étude de la réfraction.

successivement avec chaque verre, la marche de l'ombre, jusqu'à ce qu'il ait obtenu le point neutre ou la marche contraire à la première, ce qui est plus facile à constater. En retranchant ou ajoutant une Dioptrie, suivant qu'il s'agit de lentille convexe ou concave, il a la réfraction vraie de l'animal.

5° Chercher la marche de l'ombre non seulement dans le sens vertical, mais aussi dans le sens horizontal ; ou même la réfraction dans les deux méridiens principaux de l'œil ; *la différence donne l'astigmatisme total.*

Avantages de la méthode. — Cette méthode présente des avantages multiples. Elle n'exige aucune étude spéciale, aucune éducation de l'œil, comme la méthode à l'image droite. Elle peut être pratiquée par tout le monde. Il suffit d'avoir à sa disposition des lentilles convexes et concaves de 0,25, 0,50, 0,75, 1, 1,25, 1,50, 2, 2,50 Dioptries, les anomalies de réfraction étant rarement supérieures à ces chiffres (1).

(1) Les lentilles convexes sont marquées du signe (+) ; les lentilles concaves du signe (—).

En dehors de ces signes et du plus ou moins d'épaisseur du verre au centre, il est très facile de reconnaître une lentille convexe d'une lentille concave. Placez une lentille devant votre œil, fixez un objet et déplacez de haut en bas ou d'un côté à l'autre ladite lentille. Si l'objet se déplace en sens contraire des mouvements de la lentille, c'est que celle-ci est positive ou convexe ; si l'objet se déplace dans le même sens que la lentille, c'est que celle-ci est négative ou concave. Si l'objet reste fixe, c'est qu'on a devant l'œil un verre plan ou neutre.

Un verre convexe ou concave est bien gradué quand son pouvoir réfringent est neutralisé par un verre de signe contraire et de même puissance. Ainsi + 0,25 et — 0,25 accolés font l'effet d'un verre neutre : sinon, l'un des deux ou tous les deux sont mal gradués

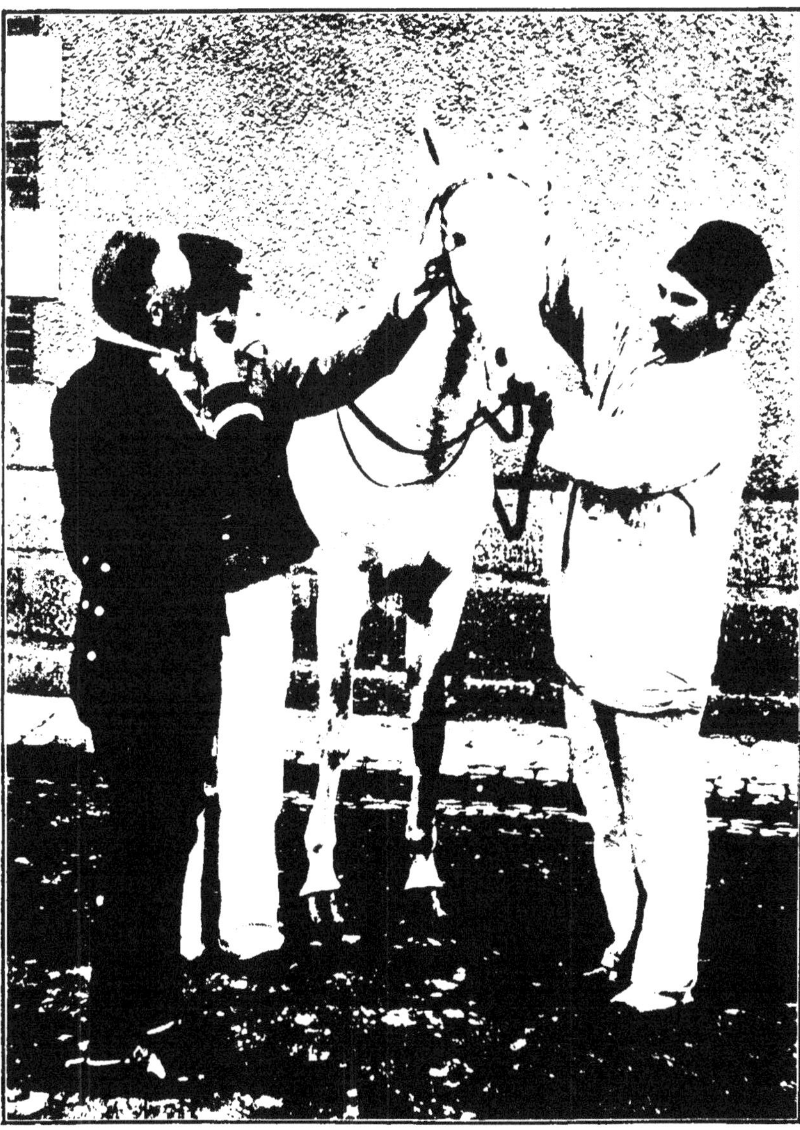

Fig. 25. — Examen de la réfraction par la kératoscopie. Situation de l'observateur et des aides.

Elle permet de mesurer l'astigmatisme, et *c'est le seul procédé exact et applicable chez les animaux.*

Son seul inconvénient est qu'elle exige deux aides, un pour tenir le cheval, l'autre pour maintenir les verres devant l'œil de l'animal. Enfin, elle exige une certaine patience en raison des mouvements souvent incessants des sujets à examiner.

Mais toutes les fois qu'il sera utile de déterminer la réfraction d'un animal, nous conseillons d'y avoir recours. Nous n'avons pas besoin d'ajouter qu'elle ne donne que cela.

État de la réfraction statique chez le cheval.

En nous servant des méthodes que nous venons d'exposer et, pour être plus rigoureux, de la seule méthode de Cuignet, nous nous sommes demandé quelle était exactement la réfraction de l'œil chez le cheval.

Les Allemands opérant à l'image droite, affirment avec Berlin et Schlampp que l'hypermétropie est l'état normal et qu'elle varie, en général, de 1 à 2 Dioptries. Ils ont aussi rencontré des yeux myopes, mais ce sont des cas exceptionnels.

En France, Tondeur et Carrère, procédant par la kératoscopie, arrivent à la même conclusion : à savoir, que l'hypermétropie faible (0,50 D. environ) et l'emmétropie sont l'état normal et que la myopie est l'exception et l'apanage des chevaux peureux.

Tondeur a examiné 80 chevaux non peureux, tous étaient hypermétropes à un faible degré ou emmétropes ; sur 17 chevaux *peureux*, il a trouvé 9 myopes.

Carrère a trouvé sur 23 chevaux :

8 hypermétropes de 0.50 D.	1 astigmate.
10 emmétropes.	1 hypermétrope de + 4 D.
3 myopes.	

En Angleterre, Schmidt publie des résultats assez opposés. Sur 100 yeux examinés (54 chevaux), il trouve :

51 myopes et astigmates.	39 myopes.
2 hypermétropes et astigmates.	1 hypermétrope.
6 astigmates mixtes.	1 emmétrope.

La myopie la plus fréquente serait de 0,50 D. et 33 p. 100 des yeux myopes auraient une réfraction excédant 1 D.

La conclusion qu'on peut tirer de ces derniers chiffres est claire : la myopie simple ou compliquée d'astigmatisme est la règle ; l'hypermétropie et l'emmétropie l'exception.

En présence de résultats aussi différents, il était intéressant de nous rendre compte par nous-mêmes de l'état de réfraction.

Nous avons expérimenté sur un grand nombre de chevaux de cavalerie légère et recueilli avec soin les observations de 103 animaux.

Pour écarter toutes les causes d'erreur pouvant provenir de l'accommodation, tous les yeux ont été soumis à l'action de l'atropine.

La recherche de la réfraction a toujours été faite dans les deux principaux méridiens, afin de déterminer l'astigmatisme.

Voici maintenant les résultats recueillis :

Emmétropie	29
Hypermétropie	26
Myopie	19
Astigm. hypermétropique simple	17
— myopique simple	5
— hypermétropique composé	3
— myopique composé	1
— mixte	3

Les 26 chevaux hypermétropes étaient atteints d'une faible hypermétropie ne dépassant pas 1 Dioptrie; la plupart étaient hypermétropes de 0,50 D. à 0,75 D.

La myopie n'est pas rare (19 sur 103), c'est-à-dire 1 sur 5 environ. 4 chevaux avaient des myopies de 2 à 2,50 D. ; les autres degrés variaient entre 0,50 et 2 D.

Chez deux animaux nous avons trouvé autour de la papille des lésions qui rappellent absolument la scléro-choroïdite postérieure et nous avons constaté l'existence d'un staphylome. Carrère a déjà noté de semblables lésions.

Notre tableau montre aussi que l'astigmatisme est très fréquent (29 sur 103), presque un tiers des yeux examinés. Il est faible. Presque toujours de 0,50 D., il atteint rarement 1 Dioptrie.

L'astigmatisme hypermétropique simple est de beaucoup le plus fréquent. Les autres cas observés : astigmatismes composés, mixtes, sont des exceptions.

La détermination de l'astigmatisme montre que c'est le *méridien vertical de l'œil qui est le plus réfringent* : c'est lui qui est emmétrope dans l'astigmatisme hypermétropique simple ; c'est lui qui est myope dans l'astigmatisme myopique simple.

L'astigmatisme conforme à la règle est celui dans lequel le méridien vertical est le plus réfringent ; c'est celui qu'on rencontre le plus fréquemment.

L'astigmatisme contraire à la règle a son méridien horizontal plus réfringent que le vertical, c'est l'exception. Nous ne l'avons rencontré que deux fois.

Dans la catégorie des yeux astigmates, nous n'avons fait rentrer que ceux qui présentaient entre les deux méridiens une différence d'au moins 0,50 D. Mais il existe presque *chez tous les chevaux un astigmatisme très léger de 0,25 D. environ.* Cet *astigmatisme physiologique* déjà signalé par Tondeur est, en raison de son faible degré, *négligeable.*

Cela est cependant utile et intéressant à savoir, puisqu'on peut affirmer même d'après les recherches cliniques, que *le dioptre-œil du cheval n'est pas une surface de révolution.*

En comparant nos résultats aux précédents, on voit qu'ils se rapprochent de ceux de Tondeur et Carrère et qu'on peut les placer sensiblement à égale distance de ceux publiés en Allemagne et en Angleterre.

Est-ce à dire que les chevaux soient plus hypermétropes en Allemagne, plus myopes en Angleterre et à peu près emmétropes en France ?

Cette hypothèse n'a rien que de très vraisemblable et de très séduisant, et servirait comme nouveau signe dans la différenciation des races, mais elle a besoin d'être confirmée.

Nous croyons qu'il est possible d'interpréter les différences constatées d'une autre façon.

Les Allemands ont eu recours à la détermination de la réfraction par l'image droite et nous avons employé la kératoscopie.

Nous ne voulons pas laisser supposer un seul instant que la première méthode soit mauvaise ou qu'elle ait été mal appliquée ; nous expliquons les faits.

Quand on examine à l'image droite, on cherche comme point de repère les vaisseaux qui sortent de la papille, et ce sont surtout les verticaux qu'on observe ; ils se présentent immédiatement et sont beaucoup plus facilement visibles sur le fond de l'œil, à peine pigmenté à ce niveau. Mais ces *vaisseaux verticaux* sont vus à travers le *méridien horizontal* de la cornée, c'est-à-dire à travers le moins réfringent, celui qui est *presque toujours hypermétrope.* Si on borne là son examen, on diagnostique une hypermétropie déjà plus élevée qu'en réalité.

En second lieu, et c'est probablement là qu'il faut voir la cause de la différence des résultats, la distance qui sépare le foyer antérieur de l'œil de la papille est plus petite que celle qui le sépare de la région inférieure et *à fortiori* de la région supérieure du tapis clair. La papille est donc située par rapport à celui-ci sur un plan antérieur. Cela résulte de la conformation même de l'œil (Voy. fig. 1). De sorte que la région péripapillaire paraîtra presque toujours hypermétrope, tandis que la région supérieure du tapis sera nettement myope. L'expérience est facile à faire et les résultats sont conformes à la théorie.

Or, c'est avec la macula, il ne faut pas l'oublier, que nous voyons et que les animaux voient les objets extérieurs. C'est donc cette région, où viennent se former les images rétiniennes, qu'il faut examiner dans la détermination de la réfraction, et nous avons dit ailleurs qu'elle devait vraisemblablement se trouver, chez le cheval, dans le prolongement de l'axe optique de l'œil ou dans son voisinage immédiat, c'est-à-dire dans la région inférieure du tapis clair, un peu en avant de la papille.

D'où la conclusion :

Si on procède à l'image droite, on prendra pour point de repère l'extrémité effilée des vaisseaux, s'il en existe dans la région précitée ; sinon on fixera les points bleus ou verts du tapis clair.

Si, au contraire, on fait de la kératoscopie, on se mettra dans des conditions telles que le faisceau lumineux tombe dans la même région, et pour ce faire, il suffira de se placer à hauteur de l'œil observé et dans la direction de l'axe visuel.

Ces principes devront être toujours présents à l'esprit, si l'on veut que les résultats soient comparables.

IV. — Tonométrie.

L'œil présente une certaine consistance ; il se laisse plus ou moins déprimer, suivant qu'il est plus ou moins dur, plus ou moins tendu. Cette consistance du globe, qui est à peu près la même pour tous les yeux normaux, subit de profonds changements dans les phénomènes pathologiques. L'étude de la tension oculaire constitue la *tonométrie*.

Certaines affections inflammatoires de la choroïde (choroïdites au début), les phlegmons de l'œil, s'accompagnent d'augmentation de tension du globe qui devient dur. Cet état de dureté se rencontre dans les processus dits *glaucomateux*, et il en constitue le symptôme capital. Les hydrophtalmies, les buphtalmies, les tumeurs intra-oculaires, s'accompagnent toujours de glaucome.

Pour noter la tension normale de l'œil, on se sert du signe T^n. Pour noter l'augmentation de tension, on fait suivre la lettre T de +1, +2, +3, suivant le degré de dureté : T_{+1}, T_{+2}, T_{+3}.

D'autres affections, fréquentes chez le cheval, s'accompagnent de diminution de la tension intra-oculaire, et l'œil devient plus ou moins mou. Cette mollesse est due, non seulement à un ramollissement du corps vitré, mais surtout au ratatinement de cet organe, qui s'accompagne de décollement rétinien.

Les yeux atteints d'irido-choroïdite ancienne (fluxion périodique), et qui présentent une diminution notable de la tension, sont presque certainement voués au décollement rétinien et à l'atrophie.

On note la diminution de tension par les signes T_{-1}, T_{-2}, T_{-3}. Pour percevoir le tonus oculaire, on a imaginé une foule d'appareils ingénieux, mais pratiquement inutiles.

Le moyen le plus employé et suffisamment exact consiste à placer les deux index sur le globe, à travers la paupière supérieure, en appuyant l'œil sur le plancher de l'orbite, et à déprimer légèrement et alternativement avec le bout des doigts la coque oculaire, comme si on cherchait la fluctuation. Il est indispensable de prendre, avec les autres doigts, un point d'appui sur le pourtour de l'orbite.

La recherche du tonus est très importante, car elle permet de se rendre compte de l'état du vitré, et d'établir le pronostic des inflammations internes de l'œil.

V. — Examen de la fonction visuelle.

A chacune des altérations des membranes ou des milieux de l'œil, correspondent des troubles de la fonction visuelle, bien connus chez l'homme, qui peut analyser et rendre compte de ses sensations.

Les animaux sont impuissants à nous faire part de leurs impressions ; mais nous sommes autorisés par la physiologie à juger de leurs sensations, par ce que nous éprouvons nous-mêmes. N'est-ce pas par déduction qu'on juge de la douleur chez les animaux ? La médecine humaine nous a appris que la pleurésie s'accompagnait, dans la majorité des cas, d'un point de côté. Pourquoi en serait-il autrement chez le cheval ? Et, en effet, l'immobilité des côtes n'en est-elle pas la manifestation objective ?

Dans les maladies des yeux, il en est de même, et la connaissance des symptômes subjectifs recueillis chez l'homme nous sera d'un utile secours dans l'appréciation du degré d'acuité visuelle. Supposons, par exemple, qu'un cheval présente des troubles du vitré; la pathologie comparée nous enseigne qu'en pareille circonstance il existe des mouches volantes qui parcourent le champ visuel. Évidemment, elles doivent être perçues par le cheval qui, selon l'impressionnabilité de son système nerveux, réagit à sa manière (modification du caractère) plus ou moins, ou même pas du tout. Mais, dans la majorité des cas, la connaissance *à priori* de ce symptôme aura eu l'immense avantage d'appeler notre attention sur des manifestations extérieures qui seraient passées inaperçues ou seraient restées incompréhensibles.

Étudions donc rapidement ces symptômes fonctionnels.

Amaurose. — C'est la disparition de la vision. Elle existe dans l'atrophie papillaire, les lésions étendues de la macula, etc. Quand on ne voit pas de lésion expliquant la perte de la vue, l'effet est pris pour la cause.

Amblyopie. — L'amblyopie indique une diminution de la vision, et existe dans les cas de lésion des milieux, des membranes profondes, du système nerveux ou de la réfraction.

Photopsie. — Ce sont des sensations lumineuses subjectives, provoquées par des excitations mécaniques ou pathologiques de la rétine.

On les observe dans les cas de compression du globe oculaire (phosphènes), de tumeurs, dans les choroïdites exsudatives, les rétinites, etc.

Mouches volantes ou *myodesopsie.* — Les mouches volantes, qui se définissent d'elles-mêmes, sont le plus souvent le résultat de corps flottant dans le vitré.

Les choroïdites, cyclites, rétinites, papillites, les hémorragies du vitré, les corps étrangers, les parasites, la persistance du canal de Cloquet, peuvent leur donner naissance.

Scotomes. — Les scotomes sont des lacunes du champ visuel.

On les observe dans les névrites et atrophies optiques, les rétinites, les choroïdites, la myopie à staphylome.

La papille ou *punctum cæcum* donne un *scotome normal*, qu'il est facile de mettre en évidence par l'expérience de Mariotte.

Héméralopie. — Dans l'héméralopie, la vision, bonne pendant le jour, devient mauvaise pendant la nuit.

Elle est surtout symptomatique d'un état de faiblesse, mais on l'a notée dans les opacités périphériques de la cornée et du cristallin, les rétinites, etc.

Nyctalopie. — C'est le contraire de l'état précédent, la vision est meilleure la nuit que le jour.

« On la rencontre dans les cas de troubles centraux, pupillaires, cristalliniens, rétiniens ou chorio-rétiniens. On sait, en particulier, que les cataractes nucléaires au début entraînent une diminution visuelle plus marquée en plein soleil qu'au demi-jour. A la lumière vive, en effet, la pupille est contractée et les rayons lumineux sont arrêtés par le centre opaque du cristallin ; à un faible éclairage, la pupille se dilate et la vision s'effectue aisément autour de l'opacité nucléaire. » (Truc et Valude.)

Tels sont les symptômes qu'*à priori* nous admettrons comme devant exister dans les différentes modifications morbides des membranes ou des milieux de l'œil. L'attention étant particulièrement attirée de ce côté, il reste à rechercher quelles en sont, chez le cheval, les manifestations apparentes.

Elles sont objectives et rationnelles.

Symptômes objectifs. — *Réaction pupillaire.* — A l'état physiologique, l'iris présente des mouvements appréciables qui font varier l'ouverture pupillaire. Ce sont des mouvements réflexes en rapport avec l'intégrité fonctionnelle de la rétine. Que celle-ci devienne inexcitable sous l'influence de la lumière, et la pupille restera immobile (1). Il faut faire remarquer, cependant, que le réflexe d'un côté s'exerce en même temps du côté opposé, ce qui oblige, pour éviter toute erreur dans l'examen pupillaire d'un œil, à fermer exactement le congénère.

Dans l'examen pupillaire, on procédera de la manière suivante : Placer l'animal sous une porte, de manière à voir nettement la pupille de l'œil à examiner; *fermer l'œil opposé*; abaisser et relever alternativement la paupière supérieure pour produire l'excitation lumineuse et observer les mouvements de contraction et de dilatation de la pupille.

Si l'on est armé de l'ophtalmoscope, projeter dans la posi-

(1) Le réflexe pupillaire est un symptôme important qui indique l'intégrité d'une partie du chemin que suit l'impression lumineuse. Celle-ci remonte jusqu'au tubercule quadrijumeau antérieur et c'est de là que partent les fibres qui vont au noyau du moteur oculaire commun. Donc, toute lésion des nerfs optiques, des bandelettes, des tubercules quadrijumeaux, qui arrêtera la marche de la sensation lumineuse, empêchera le réflexe. Lorsque, au contraire, la cause de l'amblyopie sera plus haute, dans les couches optiques, l'écorce, le réflexe persistera.

tion ophtalmoscopique un rayon lumineux dans l'ouverture pupillaire, puis dévier le rayon en dehors de l'œil ; les mouvements de l'iris seront facilement observés par le trou du miroir.

Dans le cas d'*amaurose*, il y a immobilité complète de la pupille qui peut être largement *dilatée*, lorsque la lésion siège en avant ou dans les centres ganglionnaires de la base du cerveau.

Dans le cas d'*amblyopie* tenant à des lésions profondes, les mouvements iriens sont lents, paresseux et s'effectuent dans des limites moindres qu'à l'état normal.

Les *plaies*, les *contusions* de la tête, et particulièrement des arcades sourcilières qui sont saillantes, sont quelquefois des indices d'une mauvaise vue.

Symptômes rationnels. — « L'animal aveugle, dit Bouley, le dénote par les attitudes de sa tête et de ses membres dans la locomotion.

« Le cheval trotteur porte la tête élevée, *star-gazing* (regardant les étoiles), comme disent les Anglais, le nez au vent, les oreilles droites et attentives ; aux allures vives ou lentes, il lève haut les membres dans la peur instinctive de rencontrer des obstacles sur le sol.

« Le cheval de trait marche avec une lenteur pour ainsi dire calculée, la tête en avant et un peu inclinée de côté, avec les oreilles érigées dans l'attitude de l'attention.

« Le cheval affecté d'amaurose n'a plus l'expression du regard fière et résolue ; *l'âme s'est enfuie de ses yeux.* »

Enfin, il ne manifeste par aucun mouvement qu'il appréhende le geste agressif de la main qui s'agite devant ses yeux.

Si on peut affirmer qu'un cheval est borgne ou aveugle, il est beaucoup plus difficile d'apprécier la diminution de son acuité visuelle, et c'est ici que l'observateur doit mettre en jeu toute sa perspicacité. Son attention se portera sur la physionomie, l'état des oreilles, l'attitude au repos et en mouvement et les modifications du caractère. L'extinction du regard n'est pas complète, la physionomie n'a pas perdu toute expression ; mais dans les cas d'amblyopie accusée, elle a quelque chose d'insolite. Les oreilles sont très mobiles. Souvent l'animal est ombrageux. « Les impressions étranges pour lui, que lui transmettent les objets dont il distingue mal ou incomplètement la forme et les contours, l'effraient et le déterminent à des mouvements souvent désordonnés et dangereux, à tel point que, pour l'utilisation, mieux vaut un cheval complètement aveugle qu'un animal dont la vue est affaiblie. » (Bouley.)

Nous avons vu un cheval qui, laissé en liberté, se rendait très bien à l'abreuvoir; mais arrivé là, il heurtait de la tête les parois du réservoir et n'arrivait à trouver l'eau qu'après plusieurs tâtonnements.

Le pas est mal assuré. Exercé dans un terrain semé d'obstacles, l'animal fait des fautes grossières qui ne s'expliquent que par la diminution de la vision.

Si les renseignements recueillis sur ce dernier point ne semblent pas dignes de foi, il est facile d'en juger *de visu*, en soumettant l'animal à des épreuves faciles à réaliser.

C'est ainsi qu'on peut mettre le cheval en liberté dans un manège, où l'on a réparti deux ou trois claies. Mais ce moyen étant susceptible de présenter des dangers, il est préférable de mettre l'animal à la longe, sur une haie, après lui avoir couvert la tête avec une capote, dont l'œilleton correspondant à l'œil suspect est libre. Dans ces conditions, si après deux ou trois passages l'animal retombe dans les mêmes fautes, renverse l'obstacle avec les genoux ou les avant-bras, par exemple, sans avoir fait aucun effort ou un effort manifestement suffisant pour la tâche à accomplir, la présomption d'amblyopie passe à l'état de certitude.

On peut varier l'expérience en opérant tantôt à une lumière vive, tantôt à une lumière crépusculaire.

CHAPITRE IV

ÉTAT NORMAL DU FOND DE L'ŒIL ET ANOMALIES CONGÉNITALES

Examen ophtalmoscopique. — Bien que nous connaissions anatomiquement les parties que nous allons rencontrer à l'ophtalmoscope, dans le fond de l'œil, il est bon de jeter un coup d'œil circulaire sur cette région, pour montrer la manière de procéder.

Nous remarquons immédiatement que les teintes, modifiées par l'intensité et le mode d'éclairage, sont plus vives qu'à l'examen à l'œil nu.

En raison du grossissement produit par le dioptre oculaire et de la surface forcément limitée de la base du cône de projection, ce n'est que successivement et en promenant ce cône lumineux sur la paroi oculaire qu'on recevra une impression de chacune de ses parties.

Tout d'abord, le tapis clair attire l'attention par le brillant de son coloris. Baissons-nous pour regarder en haut, nous voyons apparaître par petites bandes espacées, puis plus serrées, le pigment brun marron, coupé de stries violacées ou de bandes rouges, du tapis obscur. Si nous cherchons, en nous portant légèrement en avant, à regarder en arrière ou réciproquement, il est assez rare d'apercevoir l'envahissement pigmentaire du tapis sombre. Levons-nous au contraire légèrement et progressivement sur la pointe des pieds, pour regarder en bas, et nous apercevons la limite inférieure entre les deux tapis, sous forme d'une bordure rectiligne, horizontale et plus ou moins pigmentée. Puis à 1 centimètre et demi environ au-dessous, nous reconnaissons la papille, entourée de tous côtés par le *tapetum nigrum*.

Étudions maintenant de plus près chacune de ces parties.

I. — Tapis clair.

Le tapis clair, tapis proprement dit ou encore *tapetum lucidum*, est cette partie du fond de l'œil qui réfléchit des couleurs vives : jaune, vert, bleu, violet, rose, etc., sur le fond desquelles se détachent de petits points ou stries ordinairement bleus ou verts, quelquefois roses.

Exceptionnellement, la couleur du fond est unique ; le plus souvent, deux ou plusieurs teintes s'associent pour donner des aspects extrêmement variables, non seulement d'un animal à un autre, mais encore d'un œil à celui du côté opposé.

En outre, sur le même œil, la teinte n'est pas uniforme dans toute l'étendue du tapis; elle varie d'intensité suivant le point considéré, tantôt plus foncée immédiatement au-dessus de la papille, elle devient plus lavée en s'étendant en avant et en arrière ; ou bien plus claire au milieu, elle se fonce à la périphérie.

Cette diversité dans le nombre et l'association des couleurs, dans leur répartition et leur intensité, rend l'aspect du fond de l'œil aussi variable que l'individu. N'est-ce pas une loi de la nature ?

Il est donc difficile de donner du *tapetum* une description d'ensemble. Pour mettre de l'ordre et fixer l'esprit, nous créerons des types autour desquels on pourra grouper tous les cas particuliers. Ce sont :

1° Le type jaune.
2° — jaune vert.
3° — vert.
4° — jaune bleu.
5° — bleu.
6° — multicolore.

Le premier est le plus souvent jaune fleur de soufre avec, de temps en temps, des plaques jaune d'ocre, dispersées à sa surface. Les points plus foncés qui constellent le tapis sont verts ou bleus et situés souvent au centre de ces plaques; cette disposition ressemble à une quantité de cellules juxtaposées dont le noyau serait coloré (Voy. pl. VII, fig. 1).

Cette disposition cellulaire est plus frappante encore, lorsque le fond est vert ou bleu, comme dans les types jaune vert ou jaune bleu.

Dans ces deux derniers, qui sont les plus fréquents, les couleurs s'associent différemment et l'on conçoit que les cas extrêmes puissent être jaune, vert ou bleu, tandis que les cas intermédiaires seraient un mélange, à parties égales, de jaune et de vert ou de jaune et de bleu.

Le tapis vert est ordinairement clair, avec des nuages ou des taches plus foncées.

Il en est de même du type bleu, dans lequel se trouvent souvent des espaces légèrement violacés, surtout à la périphérie.

Le pointillé varie peu et est ordinairement bleu ou vert; mais il peut être quelquefois jaunâtre ou rosé. Dans certains cas et plus particulièrement dans le tapis bleu violacé, les points présentent une queue qui leur donne l'aspect de virgules ou de stries vertes ou bleues, bordées d'un trait rouge. Il s'agit probablement ici d'une diminution dans l'épaisseur de la couche fondamentale du tapis, ou même d'une absence limitée de celle-ci, permettant de voir une partie des vaisseaux choroïdiens. N'avons-nous pas dit précédemment que certains semblaient faire saillie sur le *tapetum lucidum*.

Sous le nom de *tapis multicolore* (Voy. pl. II, fig. 2), nous désignons celui qui est caractérisé par du rose ou du rouge accompagné de bleu, de vert et de jaune, etc. En voici un exemple. Au milieu du tapis existe une bande verticale, de couleur rose, de 2 à 3 centimètres de largeur, s'élargissant légèrement en haut, avec points et stries roses plus foncés. En arrière, on trouve successivement une bande un peu plus étroite, à fond jaune et à points roses et jaune rose, puis une bande bleue, et enfin le tapis vert. En avant, on trouve également une bande bleue et le tapis vert qui entoure le tout. A la surface de la zone rose se trouvent dispersés des points et des petits traits rouges, tantôt diffus, tantôt bien délimités, tranchant par leur coloration plus intense et formant un réseau interrompu à mailles polygonales. Les traits en nombre variable mesurent de 4 à 6 millimètres à l'ophtalmoscope. Ils sont souvent plus abondants et forment un lacis plus serré en se rapprochant de la limite supérieure du tapis. Nous les avons vus se disposer parallèlement et prendre ainsi, par leur réunion bien ordonnée, un aspect semi-penniforme ou penniforme.

Nous avons rencontré 10 fois ce tapis : 6 fois chez des alezans, 2 fois chez des bais clairs et 2 fois chez des bais bruns.

Nous verrons aux anomalies congénitales que la bande rose ou rouge résulte d'une diminution dans l'épaisseur de la couche fondamentale qui laisse voir la couche vasculaire de la choroïde. C'est pourquoi Berlin désigne ce tapis sous le nom de *tapet-colobom.*

Existe-t-il une relation entre la couleur du tapis et celle de la robe, comme le pensent les Allemands ?

Voici le résultat de nos recherches à ce point de vue :

	ALEZAN.	BAI.	BAI BRUN.	GRIS.	NOIR.	ROUAN.	AUBÈRE.	TOTAL.
Jaune..........	16	7	1	7	2	1	»	34
Jaune vert.....	26	40	11	12	5	»	»	94
Vert....... ...	9	23	8	10	4	1	»	55
Jaune bleu.....	24	25	8	5	»	2	1	65
Bleu...........	9	16	3	3	2	2	»	35
Total.......	84	111	31	37	13	6	1	283

Ce tableau ne nous apprend rien, car les chiffres ne sont pas comparables.

Mais, si on déduit le pourcentage des couleurs du tapis pour chaque robe, on obtient le tableau suivant, plus instructif que le précédent :

	ALEZAN.	BAI.	BAI BRUN.	GRIS.	NOIR.
Jaune..........	19	6	4	20	16
Jaune vert.....	31	36	34	33	38
Vert...........	11	20	26	27	30
Jaune bleu.....	28	23	26	13	»
Bleu...........	11	15	10	7	16
Total.......	100	100	100	100	100

Les différences dans ces chiffres sont si peu accusées qu'il serait téméraire d'établir une loi ou rapport entre la coloration du tapis et celle de la robe. On en pourrait peut-être trouver la raison dans ce fait que le *tapetum* ne doit pas sa couleur à du pigment, mais à une décomposition de la lumière (Tourneux) par des éléments particuliers dont nous avons donné la description.

Cependant, si nous considérons les poils les plus fréquents, alezan et bai, ce tableau nous montre que les tapis clairs (jaune) sont trois fois plus nombreux chez les premiers que chez les seconds (alezan 19 p. 100 ; bai 6 p. 100).

Par contre, les tapis sombres (bleu et vert) se rencontrent plus souvent chez les bais (bai 35 p. 100 ; alezan 22 p. 100).

Enfin, les tapis les plus communs (jaune vert et jaune bleu) se montrent dans une égale proportion chez les uns et les autres (alezan 59 p. 100 ; bai 59 p. 100).

Ce qui ressort sans conteste de cette statistique, c'est que le jaune, surtout associé au vert et au bleu, est la teinte la plus répandue.

Dans le tapis clair, nous signalerons encore quelques particularités que l'on rencontre assez rarement, il est vrai, mais qui n'en sont pas moins intéressantes. C'est ainsi que nous avons trouvé plusieurs fois, au-dessus et un peu en avant de la papille, une tache de la dimension d'une pièce de 50 centimes ou de 1 franc, à bords un peu diffus, de couleur rouillée, quelquefois grisâtre. Ce qui nous a frappé surtout, c'est qu'elle semble se trouver dans le prolongement de l'axe visuel et qu'elle existe quelquefois dans les deux yeux, à la même place. Cette situation à peu près constante nous a fait penser qu'il s'agissait peut-être de la *fovea centralis* ou *tache jaune* ; mais nous devons dire que c'est une pure hypothèse, les coupes histologiques que nous avons pu faire de cette région, assez difficile à déterminer sur le cadavre, ne nous ayant appris rien de précis. On sait, en effet, que chez l'homme, cette région est excavée et que la rétine est réduite à la couche des cônes. « La physiologie nous démontre que la sensibilité de la rétine au niveau de la fovea centralis est 150 fois plus grande que dans le voisinage de l'ora serrata. La fovea centralis devient donc chez l'homme le *point essentiel de la vision distincte*. C'est pour cela que, instinctivement, nous dirigeons toujours notre œil d'une façon telle que les objets que nous voulons examiner viennent former image sur elle. » (Testut.) On comprend quelle est l'importance qui s'attache à cette région et combien il serait intéressant d'en connaître la situation exacte chez le cheval. Le professeur Chiewitz ayant montré son existence chez plusieurs vertébrés, il est permis de penser qu'on doit la rencontrer également chez le cheval, et des recherches dans ce sens présenteraient, nous le répétons, le plus haut intérêt.

II. — Tapis sombre.

Il est encore appelé tapis noir, *tapetum nigrum*, par les Allemands. On donne ce nom à la région pigmentée du fond de l'œil. C'est lui qu'on aperçoit à l'ophtalmoscope entourant le tapis proprement dit et l'entrée du nerf optique. Sur les confins du « miroir de l'œil » le pigment est raréfié et laisse voir par intervalles la choroïde sous-jacente ; mais la matière brune se tasse de plus en plus, au fur et à mesure qu'on considère une région plus excentrique.

Dans l'espace peu pigmenté compris entre le bord inférieur du tapis et la papille, on rencontre souvent des bandes rouge brique de 2 à 3 millimètres de largeur et de 2 à 3 centimètres de longueur, à bords diffus, croisant les vaisseaux rétiniens. Ce sont des vaisseaux choroïdiens.

Sur les côtés et au-dessous de la papille, le tapis noir est plus uniforme.

Sa teinte est assez variable et résulte de l'abondance du pigment et de la coloration de la choroïde sous-jacente.

Tantôt il est brun violacé et s'éclaire difficilement, surtout au-dessous de la papille. Dans ce cas, il arrive assez fréquemment qu'on ne se rende pas un compte exact de la région qu'on examine, les vaisseaux manquant pour servir de points de repère ; mais il suffit d'une absence de pigment, comme il en existe dans la choroïdite atrophique par exemple, pour qu'immédiatement la surface pigmentée s'illumine.

Tantôt, comme nous l'avons vu au chapitre de l'anatomie, le tapis clair, avec ses couleurs variables, semble se prolonger sous le tapis sombre. Celui-ci apparaît alors avec un fond vert, bleu ou jaune, avec du pigment brun ou châtain répandu uniformément, ou par petits amas. Dans ce dernier cas, on a la sensation de relief. Ces tapis s'éclairent très bien.

Tantôt enfin, le tapis sombre reflète dans une partie, plus rarement dans la totalité de son étendue, une teinte rouge brique ou rouge lilas plus ou moins finement granulée. C'est toujours à la périphérie de la papille et plus particulièrement en bas, qu'apparaît cet *aspect embrasé* du fond de l'œil (Voy. pl. I ; II, fig. 2 ; VI, fig. 1).

Parfois, il existe en même temps des bandes rouges de 2 à 3 millimètres de largeur et de longueur variable, qui tranchent par leur coloration plus vive ou qui semblent en relief, par suite d'une légère bordure de pigment. Elle sont isolées ou plus souvent multiples et s'écartent fréquemment de la papille en éventail. Si on les suit aussi excentriquement que possible, on les voit quelquefois former par leurs anastomoses un réseau vasculaire, car ce sont à n'en pas douter des vaisseaux choroïdiens. Ces mêmes vaisseaux se retrouvent très nets dans la région supérieure du tapis clair et principalement du tapis bleu (Voy. pl. V, fig. 1).

A quoi tient cette coloration rouge du tapis sombre?

S'agit-il d'un pigment particulier ou bien d'une modification dans la structure de la choroïde permettant de voir les gros vaisseaux ?

Plusieurs raisons nous font pencher du côté de cette dernière hypothèse. C'est d'abord qu'il n'existe aucune relation entre cet aspect rouge du tapis sombre et la couleur de la robe. On le rencontre tout aussi bien et en aussi grande proportion chez les chevaux noirs que chez les bais et les alezans.

D'ailleurs, l'expérience suivante dissipera tous les doutes. Comprimer à travers la paupière supérieure, avec un ou deux doigts de la main gauche, le globe oculaire, en même temps qu'on continue l'examen ophtalmoscopique. Aussitôt, la circulation se trouve gênée, les vaisseaux rétiniens disparaissent, la papille devient blanc jaunâtre et la coloration rouge du tapis sombre pâlit. Il en est de même des bandes rouges que nous avons signalées plus haut.

Il n'y a donc pas de doute, cette coloration rouge n'est pas due à du pigment, mais bien à la couche vasculaire, à la choroïde.

Lorsque la coloration rouge siège en avant ou en arrière de la papille, elle résulte d'une absence presque totale de la couche fondamentale qui, nous l'avons dit, se prolonge au moins jusqu'au niveau inférieur de la papille. Cet aspect coïncide souvent avec le tapis rose, et le fait s'explique. Quand, au contraire, la teinte rouge siège au-dessous de la papille, c'est le pigment rétinien qui manque partiellement, son abondance à l'état normal masquant la couche vasculaire. Dans les régions où le pigment choroïdien est assez abondant, on a une teinte rouge sombre uniforme ou granulée; mais si ce pigment devient plus raréfié, les vaisseaux choroïdiens se dessinent.

Dans un assez grand nombre de cas, le tapis sombre apparait comme recouvert d'un voile blanc extrêmement léger, qui part des bords latéro-inférieurs du *punctum cæcum* pour s'étendre en éventail dans la direction des vaisseaux rétiniens. Ces deux voiles latéraux ne se réunissent pas par leur bord inférieur et délimitent ainsi un espace médian sous-papillaire, de forme trapézoïde, de couleur plus sombre (Voy. pl. I).

La structure fibrillaire radiée de ces voiles indique suffisamment qu'ils sont formés par des fibres à myéline rétiniennes. On trouve d'ailleurs tous les intermédiaires entre cet aspect particulier et les fibres à double contour typiques dont nous parlerons plus loin.

III. — Papille.

La papille représente la coupe transversale du nerf optique à son entrée dans la coque oculaire. Pour la voir à l'ophtalmoscope, il faut se rappeler qu'elle siège un peu au-dessous et en arrière du pôle profond de l'œil.

Elle apparait sous l'aspect d'un soleil levant. Elle représente une surface elliptique mesurant à l'image droite 2 centimètres et demi à 3 centimètres dans son plus grand diamètre qui est horizontal et 2 centimètres à 2 centimètres et demi dans son diamètre vertical.

Sa forme et sa direction sont cependant variables. Elle peut être presque régulièrement circulaire ou plus ou moins irrégulière. Quelquefois, elle est aplatie de haut en bas ou seulement sur son bord inférieur, ce qui la rapproche d'un demi-cercle. Souvent elle est échancrée inférieurement par le tapis sombre qui la pénètre en forme de dent.

Tout en restant elliptique, elle peut s'incliner plus ou moins sur l'horizon jusqu'à décrire un arc de 90°, de telle sorte que son grand diamètre devient vertical (Mouquet). Nous ajouterons que cette disposition peut être le résultat de l'astigmatisme, et dès lors n'est qu'apparente et non réelle.

Sa coloration est ordinairement rosée, quelquefois jaunatre, et à ce point de vue on peut lui décrire trois zones (Pl. I, fig. 2).

1° *Zone périphérique;*

2° *Zone centrale;*

3° *Zone intermédiaire.*

La *zone périphérique* blanchâtre l'entoure sur tout son pourtour, comme un anneau, et représente la gaine celluleuse du nerf optique. Son épaisseur est v riable; elle peut manquer;

mais quand elle existe, elle se continue sur le milieu du bord inférieur avec un espace triangulaire réfléchissant fortement la lumière et dont le sommet arrondi s'avance vers le centre de la papille.

La *zone centrale*, blanc jaunâtre, envoie des tractus à la périphérie, ce qui lui donne l'aspect d'une cicatrice étoilée. Certains de ces tractus s'unissent pour former une trame. Cet aspect est dû aux fibres qui constituent la lamina cribrosa. Près du centre, occupant les mailles de celle-ci, sont deux ou trois petites taches plus rouges dans lesquelles on distingue, avec de petits mouvements du miroir, ou en interposant des lentilles correctrices, un réseau de fins capillaires.

Enfin, la *zone intermédiaire* est limitée au dehors par la gaine celluleuse et s'avance au centre pour occuper les espaces intermédiaires aux tractus blanchâtres signalés plus haut. Sa couleur est rose, légèrement carminée à la périphérie, et cette teinte va se dégradant vers le centre. Cette région, comme les taches centrales, est parcourue par un fin lacis de capillaires et représente le début de l'épanouissement du nerf optique.

Nous avons dit que sur l'œil frais, la papille était légèrement excavée en godet ; il est très facile de s'en rendre compte au moyen de l'ophtalmoscope à réfraction. Il est impossible, en effet, de voir nettement tous les points de la papille en même temps et ce n'est qu'en interposant des verres correcteurs qu'on peut distinguer les fins capillaires du centre.

Anneau sclérotical. — Autour de la papille existe assez fréquemment un anneau qu'on désigne sous le nom d'anneau sclérotical. Il représente anatomiquement la tranche de la membrane sclérotique.

Il entoure quelquefois complètement la papille ; le plus souvent il est incomplet ; il peut aussi faire défaut.

Complet, il est toujours un peu plus épais en haut qu'en bas et son rebord excentrique est régulier ou bosselé.

Incomplet, il affecte la forme d'un croissant, embrassant le plus souvent la moitié supérieure de la papille, plus rarement une autre partie de sa circonférence. Nous avons vu ce croissant acquérir dans sa région la plus épaisse 5 à 6 millimètres à l'image droite. Dans ces conditions, on comprend que des observateurs non prévenus puissent prendre cette disposition parfaitement normale pour une lésion pathologique, et en particulier pour un staphylome postérieur.

Souvent, il arrive que son bord excentrique est limité par

une accumulation linéaire de pigment. C'est ce qu'en ophtalmoscopie humaine on désigne sous le nom d'*anneau choroïdien*.

L'anneau sclérotical présente chez le cheval une teinte blanc jaunâtre réfléchissant vivement la lumière ; il est assez souvent gris bleuâtre ou franchement bleu ciel. Il a un aspect fibrillaire et présente, dispersées dans son épaisseur, de petites taches noirâtres, en coup d'ongle. Ceci résulte de la structure lamelleuse de la sclérotique et des cellules pigmentaires qu'on y rencontre parfois.

A quoi est due l'irrégularité dans la disposition de l'anneau sclérotical ?

S'il affecte souvent la forme d'un croissant, c'est parce que le nerf optique ne pénètre pas normalement la sphère oculaire, mais au contraire obliquement, si bien que les différentes enveloppes sont coupées suivant deux biseaux, l'un interne, l'autre externe. Si nous considérons le tout, papille et biseaux vus en projection, ce qui se produit en réalité, la tranche scléroticale du premier biseau apparait contiguë à la papille, tandis que la choroïde et le pigment rétinien sont plus excentriques. Dans le second, les tranches scléroticales et choroïdiennes sont inversement disposées par rapport à l'extrémité du nerf optique. Il en résulte que le biseau interne forme le croissant scléral, tandis que le biseau externe est masqué par le pigment rétino-choroïdien qui forme une bordure noire à la papille.

Nous avons vu nettement cette disposition sur un œil frais.

Si le pigment ne recouvre pas complètement le biseau externe, celui-ci fait fonction de prisme et décompose la lumière. C'est ce qui donne lieu à cette bordure irisée que l'on rencontre, assez souvent, autour d'une partie de la papille.

IV. — Vaisseaux rétiniens.

D'après Chauveau et Arloing, l'artère et la veine centrales de la rétine s'engagent dans le nerf optique à une petite distance du globe oculaire ; elles traversent la papille et se divisent aussitôt en deux branches qui se dirigent l'une en haut, l'autre en bas.

La division de l'artère centrale ne se fait pas comme l'indiquent ces auteurs. Contrairement à ce qui existe chez l'homme et chez les autres animaux domestiques, bœuf, mouton, chien, les vaisseaux rétiniens du cheval ne partent pas du centre du *punctum cæcum*. Ils émergent de la périphérie sous forme de rayons. Cependant, certains partent d'une région plus ou moins centrale, quelques-uns sortent du centre même de la papille. Vachetta, dans son *Traité d'ophtalmologie vétérinaire*, figure celle-ci avec trois vaisseaux centraux. Bayer, dans son *Atlas*, donne trois figures de la papille physiologique avec une distribution rare des vaisseaux. Nous avons noté dans nos observations de nombreux cas semblables et vu souvent un fait qui pourrait être considéré comme pathologique : c'est *l'interruption dans la continuité* de ces vaisseaux centraux. Mais cela est dû à la persistance de la myéline de quelques fibres nerveuses qui les masquent par places.

Les vaisseaux rétiniens, souvent doubles, sont flexueux, quelquefois enroulés en spirale ou forment des boucles complètes.

Ceux qui s'avancent jusqu'au centre commencent à se ramifier dans l'intérieur de la papille ; les autres ne se divisent qu'en dehors et toujours suivant le type dichotomique. Leurs ramifications restent indépendantes l'une de l'autre, et on les voit rayonner et se terminer à une distance variable.

Pour compléter ce qui se rapporte aux vaisseaux rétiniens, nous les considérerons successivement en avant et en arrière, en haut et en bas de la papille.

En avant et en arrière, la partie visible varie de 1/2 diamètre à 1 diamètre papillaire ; leur diamètre est notable et leurs ramifications abondantes. Ils forment, en somme, un épais pinceau vasculaire. De plus, sur les papilles très injectées, se trouve entre chaque tronc un grand nombre de fins vaisseaux rectilignes, parallèles, non ramifiés, prenant naissance dans la zone moyenne pour se terminer à peu de distance en dehors.

En haut, les vaisseaux sont plus fins, moins nombreux, moins ramifiés, leur portion visible ne mesure guère que 1/2 à 3/4 de diamètre. On trouve aussi, mais moins abondants, la couche des petits vaisseaux précédents.

En bas, la vascularisation va diminuant en se rapprochant de l'espace trapézoïde (Voy. *Tapis sombre*) où les vaisseaux semblent manquer complètement. Cependant, on en voit quelques-uns sillonner l'espace triangulaire réfléchissant fortement la lumière qui se trouve dans la région inférieure de la papille ; mais on ne peut les suivre au delà de la gaine celluleuse du nerf.

Si nous n'avons pas établi de division en artères et veines, c'est qu'il est impossible de les distinguer à l'ophtalmoscope.

On voit presque dans tous les yeux trois ou quatre troncs plus gros que les autres, formés de vaisseaux doubles, parallèles ou enroulés en spirale ; mais ni leur grosseur ni leur couleur ne permettent de les distinguer l'un de l'autre, et pourtant il s'agit sûrement d'une artère et de sa veine satellite.

Anomalies congénitales.

Dans ce paragraphe, nous décrirons les fibres à myéline, l'absence ou la raréfaction des pigments rétinien et choroïdien, le colobome du tapis et la persistance de l'artère hyaloïde. Ces anomalies ne produisent aucune modification sensible de la fonction visuelle.

Fibres à myéline. — On sait qu'au moment de s'épanouir pour former la rétine, les fibres du nerf optique perdent leur myéline et forment ainsi une membrane parfaitement transparente pour les rayons lumineux qui vont impressionner la couche des cônes et des bâtonnets. La rétine est par cela même invisible à l'ophtalmoscope. Mais si la gaine de myéline persiste, les fibres rétiniennes deviennent apparentes sous la forme de stries blanchâtres. C'est ce qu'on désigne encore sous le nom de *fibres à double contour*.

Chez le cheval, où elles sont extrêmement fréquentes (60 p. 100), elles peuvent être plus ou moins abondantes et former des voiles blanchâtres d'épaisseur variable, siégeant de préférence au pourtour de la papille dont ils cachent une partie du contour. Il est à remarquer que ces voiles ne s'étendent pas excentriquement plus loin que les vaisseaux rétiniens.

Elles donnent à l'œil des aspects multiples.

Tantôt les fibres à myéline sont suffisamment espacées pour laisser éclairer les membranes sous-jacentes qui sont vues comme à travers un voile blanc. Les vaisseaux prennent une couleur violacée, tranchant nettement avec leur partie intra-papillaire qui est rose carminé ou plus exactement sanguine. L'anneau sclérotical et la bordure pigmentée de la papille forment des lignes moins nettes et sont coupées transversalement de stries blanches. Nous avons dit, dans la description du tapis sombre, que ces voiles étalés en éventail en avant et en arrière ne se réunissaient jamais par leur bord inférieur et délimitaient ainsi un espace trapézoïde plus sombre.

Tantôt les fibres à myéline sont plus abondantes. Les vaisseaux sont comme coupés et forment des lignes interrompues ; le bord de la papille est plus diffus, plus strié.

Enfin, le voile peut être complètement blanc, laiteux et tout à fait opaque. Les vaisseaux ne sont plus visibles. Les anneaux choroïdien et scléroticaI sont interrompus. Les fibres à myéline occupent dans ce cas un espace beaucoup plus limité et se présentent sous forme de faisceaux finement striés se terminant comme des mèches de cheveux. On les trouve ordinairement sur le pourtour inférieur de la papille. Elles forment de véritables houppes, s'étalant sur le tapis sombre (Voy. pl. II, fig. 1).

« Chez le *lapin*, l'existence de fibres à myéline est la règle, et leur disposition, toujours la même, est la suivante : les faisceaux, d'un blanc de neige, sont surtout développés dans le sens horizontal ; ils sont finement striés et se terminent comme des mèches de cheveux blancs. Les vaisseaux rétiniens rampent à leur surface. Les faisceaux de fibres à myéline couvrent et rendent invisibles, à leur niveau, la pigmentation et les vaisseaux de la choroïde. » (Haab.)

Absence et raréfaction du pigment rétinien. — L'abondance du pigment rétinien est telle, chez le cheval, que, en dehors de la région du tapis clair, la choroïde sous-jacente se trouve presque complètement masquée. Son absence montrera donc celle-ci et, suivant les points considérés, l'aspect sera différent. C'est ainsi qu'en avant et en arrière de la papille, on rencontre des taches à fond vert, bleu, jaunâtre, à bordure pigmentaire finement dentelée, la couche fondamentale de la choroïde réfléchissant les rayons lumineux. Si, sur un œil, après enlèvement de la rétine qui laisse toujours son pigment à la surface de la choroïde, on passe le doigt sur la région pigmentée, il reste une tache semblable à celles que nous décrivons.

Elles se différencient d'autres taches claires où le pigment est bouleversé et la choroïde atrophiée ou en voie d'atrophie, plaques que nous décrirons au chapitre des altérations du fond de l'œil.

Au-dessous de la papille, où la couche fondamentale fait généralement défaut, l'absence ou la raréfaction du pigment rétinien laisse voir la coloration rouge plus ou moins uniforme de la membrane vasculaire ; c'est « l'aspect embrasé » du fond de l'œil que nous avons décrit plus haut (Voy. *Tapis sombre*).

Absence partielle ou totale de la couche fondamentale de la choroïde. — Colobome du tapis (Voy. pl. II, fig. 2).

Nous avons vu, au chapitre de l'anatomie, que cette couche était située entre les deux couches vasculaires de la choroïde.

Elle masque par conséquent les gros vaisseaux ; c'est pourquoi le fond de l'œil, dans la région correspondante, ne réfléchit pas la teinte rouge que l'on rencontre chez l'homme. Il est vrai que la chorio-capillaire, située plus superficiellement, est directement accessible à l'ophtalmoscope. Nous ignorons pourquoi elle n'est pas apparente ; le fait constant, c'est que sur plus d'un millier d'observations, nous n'avons jamais vu à la surface du *tapetum lucidum* ou ailleurs, un réseau capillaire qui puisse être rapporté à la chorio-capillaire.

Donc, nous le répétons, si nous ne voyons pas la couche des gros vaisseaux, c'est que le tapis fibreux forme écran. Qu'il vienne à manquer sur un point ou que son épaisseur diminue considérablement, nous aurons sous les yeux la région rose ou rouge que nous avons décrite avec le tapis multicolore, c'est-à-dire le *tapet colobom* de Berlin. Il est permis de supposer que la variété des teintes du tapis multicolore tient à la différence d'épaisseur de la couche fondamentale suivant les points considérés.

Si ce même tapis fibreux fait défaut sous la partie supérieure du tapis sombre, nous verrons la teinte rouge qu'on rencontre quelquefois en avant et en arrière de la papille ; encore faut-il que le pigment rétinien fasse également défaut dans cette région, ou soit très raréfié.

Remarquons que c'est toujours sur la ligne médiane que l'on rencontre l'aspect rouge du tapis clair.

Absence de pigment choroïdien. — L'absence du pigment choroïdien n'apportera une modification dans l'aspect ophtalmoscopique, qu'autant que les couches plus superficielles feront également défaut, couche pigmentaire rétinienne dans le tapis sombre, couche fondamenlale dans le tapis clair.

Le pigment choroïdien, assez uniformément réparti dans la couche vasculaire, comme on peut s'en rendre compte sur les coupes microscopiques de la choroïde (Voy. fig. 3 et 4) peut disparaître au niveau des gros vaisseaux, tout en restant plus ou moins abondant dans leur intervalle. Dans ces conditions, on observe des taches plus ou moins larges, avoisinant ordinairement la papille, à bord nettement marqué et sur le fond desquelles se dessine un réseau vasculaire. Les vaisseaux, assez bien limités, mesurent 2 à 3 millimètres à l'image droite. Les troncs principaux sont légèrement divergents et partent du pourtour papillaire (Voy. pl. III, fig. 1).

Les vaisseaux rétiniens passent à la surface de ces plaques en croisant les vaisseaux choroïdiens.

Nous avons rencontré cet aspect chez deux chevaux, et dans

les deux cas, d'un seul côté. Chez l'un, on pouvait voir les vaisseaux sillonnant les plaques se continuer en dehors avec les bandes rouges à bords diffus du tapis sombre, preuve nouvelle que celles-ci sont bien, comme nous l'avons dit plus haut, des vaisseaux de la choroïde.

C'est par hasard que nous avons examiné ces sujets, dont l'un appartient depuis dix ans à un officier, rien dans leur habitus n'ayant attiré l'attention.

Cet aspect du fond de l'œil est reproduit par Bayer dans son *Atlas*. Comme la plaque siège à un endroit où existe normalement la couche fondamentale, il admet avec raison qu'elle résulte de l'absence du pigment choroïdien, du tapis et du pigment rétinien.

Persistance de l'artère hyaloïde. — Nous avons dit que la capsule cristalline reçoit, chez le fœtus jeune, de l'artère centrale de la rétine, une branche qui traverse le corps vitré d'arrière en avant et aborde le cristallin par sa face postérieure. Cette artère disparait ordinairement longtemps avant la naissance; elle peut cependant persister plus ou moins longtemps après et plus ou moins complète.

Chez un jeune poulain qui venait de naître, nous avons vu dans les deux yeux un filament noirâtre de la grosseur d'un crin, s'étendant de la papille à la face postérieure du cristallin. Ce filament, incomplètement tendu, présentait de légères oscillations dans les mouvements de l'œil. C'était l'artère hyaloïde qui n'était pas encore résorbée; mais elle disparut au cinquième jour de la naissance.

Jacob a vu chez le cheval un petit cordon blanc de 8 millimètres adhérer par une de ses extrémités à la papille et flotter de l'autre dans le corps vitré.

Berlin a rencontré chez un cheval de quatorze ans un filament noir s'étendant de la cristalloïde postérieure vers la papille sans paraître s'y insérer. Il se demande s'il a eu affaire à l'artère hyaloïde ou à une filaire.

Richter a observé cette même anomalie à l'autopsie de deux poulains microphtalmes.

Si ce fait est relativement rare chez le cheval, il est par contre fréquent chez le veau, le chien, le chat, les jeunes lapins (Möller).

FOND DE L'ŒIL CHEZ QUELQUES AUTRES ANIMAUX DOMESTIQUES

Chez les autres animaux domestiques, l'ophtalmoscopie présente pratiquement une importance bien moindre que chez le cheval, et cela se comprend sans qu'il soit besoin d'insister; mais elle aura toujours un intérêt scientifique. Néanmoins, elle pourra rendre des services dans les affections oculaires du chien de luxe et du chien de chasse.

Les mêmes méthodes que précédemment sont applicables à l'examen de l'œil des animaux que nous allons passer en revue.

I. — Ane et Mulet.

Le fond de l'œil présente les mêmes particularités que chez le cheval. En raison de la situation de l'œil chez le mulet, la papille se trouve sur un plan plus élevé et tombe immédiatement sous le rayon de lumière explorateur.

II. — Bœuf.

Le *tapis clair* offre une coloration d'un beau vert brillant sans pointillé bien net. Il s'étend sur une partie plus étendue de la coque oculaire et il faut regarder tout à fait en bas pour voir le bord du *tapis sombre*.

Celui-ci est un peu moins foncé que chez le cheval.

La *papille* se trouve située dans le tapetum nigrum, tout près de la limite des deux zones. Sa forme est très irrégulière, elle est relativement petite et mal délimitée. Sa teinte est blanchâtre. Ce qui la fait reconnaître surtout, c'est la sortie des vaisseaux rétiniens.

Les *vaisseaux rétiniens* diffèrent de ceux du cheval en ce qu'ils ne forment que trois faisceaux principaux, un supérieur et deux inférieurs, partant du centre de la papille pour s'étendre jusqu'à l'ora serrata. On distingue facilement les veines des artères. Les premières, d'une couleur rouge noirâtre, sont énormes et mesurent 3 à 4 millimètres de diamètre, à l'image droite. Les artères plus fines, plus rouges, s'enroulent en spirale autour des veines. Les ramifications artérielles ou veineuses quittent ou abordent les troncs principaux presque à angle droit (Pl. VIII, fig. 1).

III. — Mouton.

Chez le mouton, l'aspect du fond de l'œil est absolument le même que chez le bœuf, avec quelques variantes dans la distribution des vaisseaux. Le tapis, le plus souvent vert, peut quelquefois être d'un beau bleu céleste (Vachetta).

IV. — Chèvre.

Le *tapetum lucidum* présente plusieurs couleurs. C'est le bleu qui domine avec des régions violacées. Le pourtour de la papille est jaunâtre. Chez un bouc, Vachetta a rencontré le tapis jaune doré éclatant.

Le *tapetum nigrum* est très peu foncé et ne se sépare pas nettement du précédent. Au travers du pigment peu abondant de cette région, on aperçoit le fond bleuâtre de la choroïde avec quelques îlots jaunâtres.

La *papille* située dans le tapis clair, au milieu de la zone jaunâtre, n'est ordinairement bien limitée que sur une moitié de sa circonférence, l'autre restant diffuse. Néanmoins, sa forme générale est celle d'un cercle. Sa couleur est rouge clair. Pour la trouver, il suffit de suivre un des vaisseaux rétiniens.

Les *vaisseaux rétiniens* partent ou aboutissent au centre de la papille. Rouges à la surface du disque optique, il deviennent noirâtres en dehors et se distinguent mal par leur couleur en artériels et veineux. Ces derniers sont, par contre, beaucoup plus gros que les artères. Quelquefois ces vaisseaux rétiniens sont bordés d'une ligne plus claire, jaunâtre. Leur distribution assez irrégulière ne rappelle pas celle du bœuf et du mouton (Pl. VIII, fig. 2).

V. — Chien.

Chez le chien, le *tapis clair* ne présente pas une teinte uniforme. Ordinairement jaune doré au milieu, il devient vert brillant à la périphérie ; on rencontre dans quelques cas un fin pointillé vert. D'autres fois il est bleu jaunâtre, rouge carmin avec des plaques vertes disséminées.

Le *tapis sombre* varie du marron clair au brun le plus foncé. Supérieurement, le pigment rétinien est raréfié et se dispose sous forme de petits amas, laissant voir entre eux des îlots du tapis clair. Cette région, plus ou moins large, forme une mosaïque du plus bel aspect, dont les parties sombres semblent en saillie sur les régions colorées.

Quelquefois, la couche pigmentaire de la rétine extrêmement raréfiée dans toute son étendue laisse voir, comme chez l'homme, la couleur rouge de la membrane choroïdienne (Voy. pl. IX, fig. 1). Dans ces cas, le pigment choroïdien peut se grouper dans les espaces intervasculaires pour former des bandes sombres, limitant les vaisseaux plus rouges.

La *papille* est située, tantôt à la partie supérieure du tapis sombre, tantôt à la partie inférieure du tapis clair, ou encore sur la limite des deux zones. Sa forme très variable peut être circulaire, elliptique, ovale, triangulaire à angles arrondis; nous l'avons vue souvent présenter trois lobes et former une figure trifoliée. Sa couleur varie du blanc au gris foncé; on rencontre assez souvent au centre une tache plus sombre d'où partent les vaisseaux et qui est le résultat de l'excavation physiologique. Son bord est tantôt bien dessiné par un trait plus foncé, tantôt finement dentelé, ce qui est dû probablement à des fibres à myéline.

Les *vaisseaux rétiniens* se distinguent en veineux et artériels, et partent du centre de la papille. Les premiers forment trois troncs en forme d'Y renversé (⅄). A l'image droite, leurs dimensions sont considérables, car on en voit qui mesurent 3 à 4 millimètres de diamètre; ils sont d'un rouge sombre, quelquefois violacés uniformément, ou bien encore ils se divisent en trois parties égales, la partie centrale étant d'un rouge clair, tandis que les parties latérales sont d'un rouge sombre. Il s'agit probablement ici de l'accolement d'une artère et de ses veines satellites; cependant, aussi loin qu'on les suive, on ne voit pas ces différents vaisseaux se séparer, et la meme union se remarque sur les collatérales.

Les artères mesurent 1 à 2 millimètres de largeur, elles sont plus rouges, plus nombreuses et se répartissent assez régulièrement autour de la papille.

Comme chez les ruminants et chez le chat, les vaisseaux rétiniens du chien irriguent toute la face interne de la coque oculaire en se croisant dans divers sens.

VI. — Chat.

Il est absolument nécessaire, pour examiner le fond de l'œil de cet animal, de dilater préalablement la pupille. Celle-ci est extrêmement contractile et représente une boutonnière verticale se réduisant à une fente sous l'influence de la lumière, au travers de laquelle il n'est guère possible de voir les détails.

Le *tapis clair* présente des couleurs très éclatantes, jaune autour de la papille, verte à la périphérie; on y rencontre assez régulièrement un pointillé vert.

La limite entre les deux tapis est diffuse et formée par une bordure d'un bleu indigo. De celle-ci, on passe dans le *tapis sombre* qui est d'un noir intense ne réfléchissant presque pas de lumière et dans lequel il est impossible de suivre les vaisseaux.

La *papille*, située dans le tapetum lucidum, est à peu près circulaire, d'une teinte grise ou saumonée et bordée d'une ligne noire ombrée; elle est entourée d'un anneau bleu indigo.

On distingue dans les *vaisseaux rétiniens* des veines et des artères dont la disposition est à peu près la même que chez le chien. Ils en diffèrent cependant, en ce qu'ils ne s'avancent que très peu sur le disque optique (Voy. pl. IX, fig. 2).

CHAPITRE V

ÉTAT PATHOLOGIQUE DU FOND DE L'ŒIL

I. — Corps vitré.

HYALITIS. — SYNCHISIS. — OPACITÉS DU VITRÉ.

Hyalitis. — L'inflammation du corps vitré ou hyalitis peut être *primitive* ou *secondaire*.

Primitive, elle résulte le plus souvent de la pénétration dans l'œil d'un corps étranger. Tout autour de lui on voit apparaître une fine poussière qui devient de plus en plus dense et finit par constituer de véritables membranes enveloppant le corps du délit. Si le corps étranger est aseptique, il peut rester enkysté dans ces fausses membranes, et partout ailleurs le vitré reprend sa transparence.

Quand il n'en est pas ainsi, l'inflammation devient plus grave. Le vitré constituant un excellent terrain de culture pour les microbes de la suppuration, il se produit de l'*hyalitis suppurative*, affection d'une gravité exceptionnelle qui se termine ordinairement par de la panophtalmite suppurative (phlegmon de l'œil) et la perte complète de cet organe.

L'inflammation et la suppuration du vitré peuvent aussi se montrer à la suite des ruptures de la coque oculaire et de l'issue du corps vitré; aussi, l'antisepsie la plus minutieuse est-elle de rigueur toutes les fois qu'on opère dans une région où on est susceptible de le léser (discission des cataractes).

L'hyalitis *secondaire* est plus fréquente. Elle est constante dans les inflammations du tractus uvéal. Dans l'irido-choroïdite (fluxion périodique), elle empêche même souvent l'examen du fond de l'œil, en raison des troubles de transparence qui se produisent.

Les SYMPTÔMES de l'hyalitis sont les troubles qui surviennent. On voit le milieu perdre sa transparence ; de fines poussières ou des flocons, des filaments plus ou moins volumineux se montrent dans le champ d'exploration. Ces filaments sont mobiles, ils se déplacent à chaque mouvement de l'œil et dans un sens très variable. Leur forme, leur longueur sont extrêmement diverses. Leur couleur varie également suivant l'angle sous lequel on les considère.

Une des terminaisons graves de l'hyalitis est la rétraction du vitré qui s'organise, se sclérose et se décolle de la rétine, entraînant celle-ci dans sa marche. Nous en parlerons au sujet des décollements rétiniens. Cela est vrai surtout pour les hyalitis consécutives à la pénétration de corps étrangers, aux blessures de l'œil, ainsi qu'à l'irido-choroïdite.

Quand les troubles consistent en troubles fins, poussiéreux, les leucocytes finissent par disparaître et le vitré reprend sa transparence; il en est de même pour les troubles filamenteux, qui peuvent cependant ne pas se résorber.

Synchisis. — Le synchisis est le ramollissement du corps vitré. Dans tous les cas d'hyalitis, le vitré perd sa consistance, il se fluidifie. Cette altération est facile à constater sur tous les yeux atteints d'inflammation des membranes profondes et surtout de la membrane vasculaire.

Est-il possible cliniquement de connaître l'état de ramollissement du vitré ?

On pensait que la tension oculaire devait donner des signes certains; plus un œil était mou, plus le vitré était fluide. Ceci est contraire aux lois physiques, car si l'œil est plein et bien tendu par le liquide, sa consistance sera grande. D'ailleurs, ne voit-on pas, dans des états où le vitré est fluide, la tension intra-oculaire élevée, comme au début des irido-choroïdites et surtout dans les cas de buphtalmie (βοῦς, bœuf; ὀφθαλμός, œil), d'hydrophtalmie ?

La diminution de tension qu'on rencontre presque toujours dans les cas de décollement rétinien indique seulement une rétraction du vitré.

Le seul signe qui renseigne sur le degré de synchisis, c'est la *rapidité de déplacement des opacités du vitre*. Plus celles-ci évoluent et se meuvent avec rapidité dans les différents mouvements de l'œil, plus le vitré est fluide.

Cet examen demande une assez grande attention et doit être fait avec soin.

Il existe une variété de synchisis intéressante, c'est le SYNCHISIS ÉTINCELANT. C'est une variété de ramollissement du vitré dans laquelle on observe, au milieu du liquide, des paillettes étincelantes.

A l'ophtalmoscope, à chaque mouvement de l'œil, ces paillettes sont projetées et déplacées dans tous les sens, simulant une poussière d'or.

Cette pluie d'or est due à l'existence de cristaux de cholestérine et de tyrosine.

Jacobi a trouvé des cristaux de cholestérine dans le vitré d'yeux de chevaux atteints de fluxion périodique.

Cette affection est incurable.

Opacités du corps vitré. — Les opacités rencontrées dans le corps vitré peuvent provenir de deux sources. Elles sont la conséquence de lésions des membranes enveloppantes, ou elles viennent du corps vitré lui-même. Les premières sont les plus fréquentes.

Ces troubles sont variables : ce sont des *poussières*, des *filaments*, des *membranes* ou des *troubles hémorragiques*.

Les *troubles fins*, improprement appelés *poussiéreux*, à cause de la petitesse des corpuscules qui les constituent, sont dus à l'immigration et à la prolifération des leucocytes.

Ils occupent en général les parties profondes du vitré, au contact de la rétine qui apparait moins nette, floue. On les rencontre, en effet, dans tous les cas de névrite aiguë et de névro-rétinite.

Pour les voir, il est nécessaire d'examiner avec un éclairage peu intense, une lumière peu vive.

Les *filaments* ont des formes plus ou moins allongées ; ils sont simples ou ramifiés.

Ils sont souvent les reliquats de caillots sanguins, provenant d'hémorragies du corps ciliaire, de la rétine, du nerf optique ou de l'espace intervaginal (1). Quand les caillots sont récents, ils offrent une coloration rougeâtre, caractéristique. Parfois on peut même voir dans la rétine, au voisinage de la papille, le point d'origine du caillot, qui reste appendu par une de ses extrémités.

Plus tard, le pigment sanguin se résorbe et il ne reste qu'une partie fibrineuse. L'aspect de ces filaments est variable suivant la manière dont on les examine. Si on se place un peu loin

(1) C'est un prolongement de la cavité arachnoïdienne des centres nerveux qui entoure le nerf optique et l'accompagne jusqu'à la lame criblée.

de l'œil et qu'on éclaire la pupille, on aperçoit un corps noir qui flotte dans le vitré. A l'examen à l'image droite, le filament prend une teinte grisâtre plus ou moins foncée, mais certaines parties restent indécises, se séparant mal de l'humeur vitrée. Pour bien mettre en évidence toutes les parties, il sera bon, quelquefois, d'éclairer les milieux avec l'ophtalmoscope comme à l'ordinaire, et de regarder en se plaçant sur le côté du miroir, au lieu d'examiner à travers son ouverture centrale.

Dans un cas, nous avons pu voir ainsi qu'un filament traversant le corps vitré s'attachait, d'une part dans la région supérieure du corps cilaire par un fin réseau, et d'autre part, sur le bord postérieur de la papille par une base assez large. Ce filament mesurait environ 3 millimètres de diamètre à l'image droite; il présentait, examiné comme nous venons de le dire, une teinte porcelainée. Le fond de l'œil ne présentait, comme particularité, que des fibres à myéline.

On aurait pu confondre ce filament avec la persistance de l'artère hyaloïde; pour éviter l'erreur, il suffisait de se rappeler que celle-ci va du centre de la papille au pôle postérieur du cristallin. Nous ajouterons que le cheval porteur de cette lésion, examiné un an auparavant, n'avait rien présenté d'anormal. L'attention fut attirée par le caractère peureux de l'animal.

Le vitré tout entier peut être envahi par une hémorragie; cet organe n'est plus qu'un vaste caillot. L'œil est inéclairable à l'ophtalmoscope, et ce n'est qu'à l'éclairage oblique qu'on peut voir, au reflet rougeâtre de la pupille, qu'il s'agit de *troubles hémorragiques*.

D'où proviennent ces hémorragies intensives? Elles peuvent provenir de la rétine; mais de Wecker pense, pour l'homme, qu'elles ont le plus souvent une origine extra-rétinienne, que le sang a fusé des espaces intervaginaux sous la rétine. Presque toutes ces apoplexies se produisent, en effet, au voisinage de la papille et envahissent le vitré à travers une déchirure de la rétine. Ce qui plaide encore pour l'origine intervaginale de ces abondantes et multiples hémorragies, c'est que, simultanément avec leur apparition, on voit en quelque sorte disparaître l'arbre vasculaire de la papille et la maladie se terminer par une atrophie avec altération plus ou moins complète des vaisseaux transformés en cordons blanchâtres.

Ces vastes hémorragies du vitré ont été observées chez les animaux à la suite de chutes, par Tsarenko et Möller chez le cheval, par Kohner chez le chien.

Elles peuvent se résorber partiellement, mais la régression n'est presque jamais totale.

Enfin, on peut rencontrer dans le vitré de véritables *membranes*. Il s'agit, soit de restes de caillots hémorragiques, formant de volumineuses membranes fibrineuses, décrites à tort chez l'homme comme des proliférations rétiniennes (rétinite proliférante de Manz), soit de reliquats d'inflammations ciliaires. Chez un cheval de quatre ans, une de ces membranes en forme de couronne, ressemblant à une toile d'araignée assez épaisse, flottait dans le vitré, en arrière du cristallin, et était adhérente par un de ses points à la région supérieure du corps ciliaire. Sa forme et son attache indiquaient suffisamment son origine.

En dehors des modifications fonctionnelles dans l'appareil de la vision, dues aux altérations possibles de la rétine, s'ajoutent les troubles visuels dus à ces corps flottants du vitré qui interceptent momentanément la lumière et donnent à l'homme la sensation de mouches volantes. Les animaux, ne se rendant pas compte du phénomène, peuvent devenir irritables, peureux, difficiles au dressage ou quelquefois rétifs.

II. — Nerf optique.

NÉVRITES. — ATROPHIES DU NERF OPTIQUE. — AMBLYOPIE ET AMAUROSE.

Névrites. — La névrite optique est l'inflammation du nerf optique. Au point de vue du siège des lésions, on peut diviser les névrites en deux catégories : celles qui atteignent l'extrémité terminale du nerf ou *papillites*, celles qui atteignent le corps même du nerf ou névrites proprement dites, *névrites rétro-bulbaires*, pour se servir du mot utilisé en médecine humaine.

Mais cette distinction n'est et ne peut être qu'une classification ophtalmoscopique, car la névrite papillaire peut envahir le tronc du nerf, c'est la *névrite ascendante* ; la névrite rétro-bulbaire peut atteindre la papille, et dès lors les symptômes objectifs s'ajoutent aux symptômes subjectifs, c'est la *névrite descendante*.

Névrites périphériques rétro-bulbaires. — D'ailleurs, les névrites périphériques sont mal étudiées et peu connues en vétérinaire.

Elles dépendent, le plus souvent, d'intoxications, et sont la conséquence aussi de maladies infectieuses.

L'influenza est une des affections les plus connues à ce point de vue.

Nous pensons qu'il faut y ranger aussi tous les cas d'amblyopie (diminution de la vision) observés par certains vétérinaires, à la suite d'ingestion de fourrages rouillés, d'aliments avariés. C'est ainsi que Perrin signale deux chevaux ayant mangé du pain moisi et atteints de cécité. Dans le pain, Mégnin trouva deux cryptogames qui peuvent avoir déterminé des névrites, tout comme le tabac, la quinine, l'alcool chez l'homme.

On a signalé aussi (Solleysel, Silvestrini), des cas d'amaurose consécutifs à une lumière trop vive. Nous pensons qu'il s'agit là d'accidents analogues à ceux observés sur l'homme et consécutifs à l'action de la lumière électrique.

Les névrites rétro-bulbaires, sans lésion de la papille, sont impossibles à étudier chez les animaux, parce que les symptômes subjectifs seuls la font soupçonner et soigner dans l'espèce humaine.

Aussi nous attacherons-nous à la description de la *papillite* qui, elle, est visible à l'ophtalmoscope et doit nous retenir pendant quelques instants.

Papillites. — Les papillites peuvent revêtir deux formes assez différentes, la simple *congestion papillaire* et la *névrite étranglée*.

1° *Congestion papillaire. Papillite simple.* — La papillite peut être isolée ; souvent aussi, elle n'est que la partie d'une inflammation étendue à la rétine, d'où la dénomination de *névro-rétinite* : enfin, elle peut être consécutive à une névrite descendante.

En pratiquant l'examen à l'image droite, on recueille facilement les symptômes de cette affection.

Tout d'abord, la papille prend une teinte beaucoup plus rouge, elle paraît plus vascularisée et, de fait, les capillaires sont fortement injectés et distendus. Les veines sont très dilatées, les artères au contraire plus minces ; c'est alors qu'on peut arriver à distinguer ces vaisseaux chez le cheval, par suite de la différence de calibre et de coloration, les veines étant plus volumineuses et plus foncées. Puis, peu à peu, une infiltration séreuse et leucocytique se produit dans la papille. Elle augmente de volume et prend une teinte rouge grisâtre ; ses bords, ses contours ont disparu ; les faisceaux nerveux sont entourés et comprimés par l'œdème. Les limites de la papille et de la rétine sont floues, la zone de démarcation n'existe plus. L'étalement des vaisseaux en éventail permet seul de reconnaître le siège exact. Les veines sont de plus en plus dilatées et les artères plus grêles.

En général, dans la papillite simple, les symptômes s'arrêtent là, pour disparaître ou faire place à l'atrophie.

2° *Papillite étranglée. Stauungspapille* (Voy. pl. III, fig. 2). — D'autres fois, les signes déjà marqués s'accentuent.

La tuméfaction de la papille et du tissu rétinien péripapillaire augmente, englobant et masquant tous les vaisseaux qu'on n'aperçoit plus que de distance en distance, sortant d'une sorte de champignon gélatineux, qui n'est autre que l'expansion du nerf optique. L'excavation physiologique de la papille est comblée, souvent même le champignon œdémateux fait saillie dans le corps vitré. La circulation artérielle est gênée, ainsi que la circulation veineuse, ce qui est la conséquence de l'étroitesse du trou sclérotical par où passe le nerf optique; le nerf est, pour ainsi dire, étranglé par l'anneau fibreux, d'où le nom de *névrite étranglée*; la circulation est arrêtée, d'où celui de *stauungspapille* donné par les Allemands.

Si ces phénomènes persistent, on voit souvent des hémorragies se produire au niveau de la papille ou de la rétine; ces hémorragies sont dues à la rupture des capillaires surdistendus.

Le corps vitré présente aussi quelques troubles fins, au niveau de la région malade.

La pupille est ordinairement large, et réagit mal à la lumière. Enfin, nous n'avons pas besoin d'ajouter que la vision est considérablement diminuée, abolie même parfois.

Ces différents phénomènes de névrite s'amendent peu à peu; l'œdème diminue; les fibres optiques restent profondément altérées, sclérosées; le tissu conjonctif environnant donne lieu à une sclérose très marquée; les vaisseaux eux-mêmes sont atteints d'endo-vasculite et aboutissent à la sclérose; la terminaison va se faire par l'atrophie des nerfs optiques.

Il s'agit donc là de lésions très graves, sur lesquelles la thérapeutique est presque impuissante.

Elle doit en effet toujours rechercher la cause. Les *causes* des névrites sont nombreuses. Nous parlerons des inflammations intra-oculaires dans les rétinites, choroïdites, irido-choroïdites. Dans tous ces cas, il est très fréquent de voir le nerf optique atteint; nous en avons rencontré plusieurs exemples.

Mais en dehors de l'œil et des affections générales, la cause peut résider dans l'orbite et dans le crâne; ce sont là des faits qu'il ne faut pas perdre de vue. Les phlegmons de l'orbite, les tumeurs, de quelle que nature qu'elles soient, pouvant comprimer le nerf optique; les ostéites, périostites, donneront de la névrite et devront nécessiter une thérapeutique urgente. Il en sera de même des tumeurs du nerf optique.

Les faits les plus intéressants sont certainement ceux qui ont trait aux affections intra-craniennes.

Certaines fractures du crâne, certaines méningites, donnent naissance à de la papillite.

Les *tumeurs cérébrales* s'accompagnent souven de névrite étranglée; ce symptôme se rencontre dans 95 p. 100 des cas observés chez l'homme. Cette constatation est d'autant plus importante que c'est parfois, assez souvent même, le seul symptôme de l'évolution du néoplasme du cerveau ou du crâne.

La névrite étranglée est en général double; si elle est plus manifeste d'un côté que de l'autre, on peut être à peu près sûr que le néoplasme a débuté du côté atteint le premier, mais il est impossible de localiser, le siège des tumeurs n'influant nullement sur la forme de la névrite. La localisation deviendra, par contre, facile, dès que les phénomènes d'excitation cérébrale (épilepsie jacksonienne), de paralysie, se seront manifestés.

L'hydrocéphalie, d'autres affections s'accompagnant d'augmentation de tension intra-cranienne et d'hydropisie des gaines du nerf optique, déterminent la névrite.

Nous ne discutons pas ici la pathogénie de la névrite étranglée; ceux qui voudront savoir si elle est le résultat de phénomènes de compression ou d'inflammations toxiques pourront se reporter aux discussions longues et assez peu démonstratives de l'ophtalmologie humaine.

Il suffit de savoir interpréter cette lésion et de se rappeler que, chez les animaux, en dehors des tumeurs variables (sarcomes, gliomes, exostoses), on rencontre souvent encore des parasites, des cysticerques. Bouchut a signalé, il y a longtemps, un cas de névrite chez un chien atteint d'un cœnure cérébral. Zundel, Neuman ont retrouvé ces mêmes faits. Boschetti a relaté une observation de staunngspapille chez une vache ayant un échinocoque cérébral. Vachetta a vu un bœuf atteint de tumeur cérébrale avec une stase papillaire des deux côtés. Les mêmes faits ont dû se produire assez souvent; malheureusement, l'attention des vétérinaires n'étant pas attirée de ce côté, ils sont passés inaperçus.

Il est pourtant extrêmement important de faire un diagnostic de névrite, car, tôt ou tard, l'animal deviendra aveugle par suite de l'atrophie du nerf optique et même ne tardera pas à succomber, s'il est porteur d'une tumeur intra-cranienne.

Atrophies du nerf optique (Voy. pl. IV, fig. 1, et pl. VI, fig. 2). — Les atrophies du nerf optique peuvent se produire à la suite de causes mal connues. Peters les a signalées dans un cas d'artério-sclérose généralisée, mais elles sont le plus souvent *consécutives à des névrites*, dont la sclérose du nerf est la terminaison.

Elles peuvent être congénitales. On en a signalé chez le chien et le cheval, peu de temps après la naissance; presque toujours, on peut dire qu'elles sont acquises.

Que l'atrophie ait été consécutive à une simple papillite ou à une névrite étranglée, les gros caractères restent les mêmes.

Il n'y a pas lieu de conserver ici, pas plus d'ailleurs que dans l'ophtalmoscopie humaine, les distinctions entre l'atrophie blanche ou grise, les variations de coloration étant multiples et n'indiquant rien de spécial.

La papille œdématiée s'aplatit, elle prend une teinte grisâtre, puis blanc jaunâtre, arrivant parfois à être absolument nacrée. De ce disque éteint qui frappe immédiatement l'observateur partent des vaisseaux rares, grêles, filiformes, souvent nuls. Cette décoloration tient à la sclérose des nerfs optiques, à la disparition des capillaires étouffés par la prolifération conjonctive ; les fibres nerveuses sont étouffées ou profondément dégénérées, et la lame criblée devient beaucoup plus apparente. Tout dernièrement, MM. Mouquet et Benjamin ont observé ces lésions d'atrophie consécutive à une névrite interstitielle descendante, et ont constaté la disparition d'un grand nombre de fibres nerveuses et la prolifération considérable du tissu conjonctif.

En même temps que la décoloration, l'excavation de la papille réapparait ; elle devient plus prononcée qu'avant. Plus tard, enfin, quand la sclérose a fait de grands progrès, la papille atrophiée prend une teinte grisâtre avec des reflets bleuâtres.

Lorsque l'atrophie est consécutive à une névrite rétro-bulbaire ou d'origine cérébro-spinale, les bords de la papille sont nets, beaucoup plus tranchés même qu'à l'état normal.

Quand l'atrophie est consécutive à une névrite étranglée, les contours sont toujours indistincts, l'atrophie s'étend à toute la région péri-papillaire, de sorte que le disque optique blanc jaunâtre présente tout autour de nombreux prolongements blanchâtres, ressemblant assez aux fibres à double contour et qui indiquent que le processus phlegmasique est lié à une névrite très accentuée et a atteint la rétine circum-papillaire.

En général, l'atrophie optique marche lentement. Peters a vu cette atrophie évoluer assez vite, chez un jeune cheval en moins de trois mois, et chez un vieux en moins de deux.

L'attention n'est attirée que par les troubles de la vision consécutifs. La fonction visuelle complètement abolie, la pupille peut conserver souvent sa forme normale, au lieu d'être dilatée, comme on le croit généralement à tort, dans tous les cas d'amaurose.

Amblyopie. Amaurose. Héméralopie. Nyctalopie. — A voir encore quelques traités classiques, il semblerait que les mots, amblyopie, amaurose, veulent indiquer quelque affection bien délimitée. Autrefois, avant la découverte de l'ophtalmoscope, ces mots servaient à décorer d'un nom scientifique des maladies totalement ignorées des praticiens. « On désigne, dit Bouley, sous le nom d'*amaurose*, une maladie caractérisée par l'affaiblissement ou l'abolition de la faculté visuelle avec conservation de la parfaite transparence des milieux réfringents de l'œil. »

Les Allemands donnaient à ces affections le nom de « Schwarze Staar » tant était noir dans l'esprit des observateurs l'état des membranes profondes !!

Actuellement, ces mots ne devraient plus désigner que des symptômes, qu'on retrouve constamment dans les inflammations des membranes profondes : *L'amblyopie étant l'affaiblissement notable de la vision ; l'amaurose étant synonyme de cécité.*

Malheureusement, prenant l'effet pour la cause, on s'en sert encore pour dénommer l'affaiblissement ou la perte de la vision ne semblant tenir à aucune altération visible de l'appareil dioptrique ; mais il faut avouer que c'est pour masquer notre ignorance des véritables lésions qui échappent à nos sens.

Les cas d'amaurose constatés chez les animaux sont nombreux. Il est curieux, tout au moins, de rapporter les différentes circonstances dans lesquelles on a pu l'observer ; ce sera servir la cause de l'ophtalmoscopie et montrer l'étendue du domaine qu'elle est susceptible d'acquérir.

On rattacha quelquefois l'effet à sa cause anatomique, sans connaître les lésions cliniques intra-oculaires que l'ophtalmoscope aurait pu montrer sur le vivant ; c'est ainsi qu'on signala des lésions de la rétine : défaut de cohérence (Héring), ossification de la rétine (William Percivall) ; du nerf optique, de l'encéphale : tumeurs osseuses, carcinomes, épaississement de la dure-mère et de la pie-mère (Leblanc), cœnure, foyers hémorragiques ou purulents, etc. Tous cas où il y avait compression des lobes cérébraux.

D'autres fois et le plus souvent, on ne rattacha l'amaurose à aucune lésion anatomique. Des causes externes directes ou indirectes furent seulement invoquées : contusion de l'orbite, commotion produite par une chute (Percivall), comme causes directes. L'influence pernicieuse, sur l'œil, d'une vive lumière, soit solaire, soit électrique, n'est pas admise par Bouley, contrairement à l'opinion plus récente des Allemands.

Parmi les causes indirectes, Bouley cite, d'après Riss, la gestation produisant chez une jument une amaurose momentanée qui disparut après la mise bas; la diminution rapide de la sécrétion lactée.

L'indigestion vertigineuse est mise en cause par Bouley jeune et Girard fils, Berger, Périère, Riss, Youatt; les hémorragies en général et celles de l'artère testiculaire et du foie en particulier par Riss, Delwart, Heugst, etc. Burmeister observa l'amaurose chez un poulain dont les parents étaient aveugles; Kah signale un cas analogue. On a relaté aussi des cas d'amblyopie à la suite de l'ingestion de plomb, de belladone, de pavot chez le mouton et la chèvre (Gerlach), de l'ivraie (Klewer), de fourrages avariés, de foins moisis, de viande pourrie (Schindelka). Appenroth l'a observée chez des bêtes à cornes ayant absorbé de l'arsenic.

Dans tous ces cas, il s'agissait très probablement de névrites par compression ou de névrites toxiques, et ce qui appuie cette dernière opinion, c'est que Becker et Eversbusch ont pu produire l'amaurose chez des chiens par des injections sous-cutanées de quinine. Barabaschew, sur cinq chiens ayant reçu une injection hypodermique de 3gr,60 de chlorhydrate de quinine, obtint une cécité totale avec ischémie de la rétine. Pour trancher la question de savoir si ces amauroses toxiques doivent être considérées comme des symptômes de névrite ou comme la conséquence de lésions centrales, la méthode expérimentale devra aider l'anatomie pathologique. La question est assez intéressante pour mériter d'être étudiée à fond.

Quoi qu'il en soit, le groupe des amauroses est encore plus vaste et plus obscur en vétérinaire qu'en médecine humaine; mais les faits précités prouvent que l'ophtalmoscope appliqué systématiquement à l'examen de l'œil, dans toutes les maladies générales et dans tous les états anormaux de l'organisme, ne tardera pas à fournir une moisson de faits instructifs au plus haut degré.

Ce qu'il faut retenir surtout, c'est que l'amblyopie et l'amaurose ne sont que des symptômes, dont il faut s'efforcer de rechercher la cause anatomique dans l'œil. Si un premier examen ophtalmoscopique a été négatif, il faudra en pratiquer d'autres, car si le nerf optique par exemple est en cause dans sa région rétro-bulbaire, le processus névritique pourra descendre un jour ou l'autre et on constatera son existence à la papille.

Héméralopie. — On donne le nom d'héméralopie à la diminution très notable de la vision qui se produit lorsque survient la nuit. Les animaux qui en sont atteints ne peuvent plus se diriger dans l'obscurité. Chez l'homme, cette affection est liée généralement à la rétinite pigmentaire. Chez les animaux, elle est très rare ; ceux-ci se conduisent dans l'obscurité beaucoup mieux que l'homme et plusieurs auteurs ont attribué cette facilité à l'existence du tapis.

Nyctalopie. — Cette affection est le contraire de l'héméralopie. Les animaux ne voient pas au grand jour, mais voient bien mieux dans l'obscurité ; c'est le cas des albinos.

Peters prétend que ce fait ne doit pas être très rare.

Wulf a observé un cheval de trois ans et demi qui, en plein jour, était absolument aveugle, et le propriétaire déclarait que le soir, dans l'ombre, il se dirigeait très bien.

Hémianopsie. — *Hémiopie.* — Ces termes signifient : perte d'une moitié du champ visuel ; cette moitié pouvant être supérieure, inférieure, temporale ou nasale. Chez les animaux, cette recherche est impossible, l'examen subjectif étant nécessaire. Nous n'insisterons pas.

III. — Rétine.

RÉTINITES. — HÉMORRAGIES RÉTINIENNES. — DÉCOLLEMENT DE LA RÉTINE. — DÉGÉNÉRESCENCE KYSTIQUE OU CYSTOÏDE DE LA RÉTINE. — TUMEURS DE LA RÉTINE.

Rétinites. — Les inflammations de la rétine sont mal connues, bien peu d'auteurs s'en sont occupés. Nous ne pouvons actuellement que nous en tenir aux généralités.

La rétinite peut être isolée, *primitive*, mais le plus souvent elle accompagne les lésions de la choroïde et l'on peut dire qu'il serait plus exact de donner à beaucoup le nom de rétino-choroïdites. L'épithélium rétinien fait, en effet, anatomiquement et physiquement partie de la choroïde, et on ne conçoit guère d'inflammation de la membrane vasculaire, sans que la couche neuro-épithéliale rétinienne soit atteinte.

Les seules rétinites qui méritent vraiment ce nom sont celles dont les lésions siègent en dedans de la limitante externe, dans les grains et les fibres nerveuses.

La cause la plus fréquente de la rétinite est certainement la fluxion périodique qui retentit aussi sur le corps vitré, de sorte que cette affection aboutit, en réalité, à la désorganisation complète du contenu du globe.

La rétinite peut être aussi la conséquence d'une inflammation venue du nerf optique (névro-rétinite), dont elle n'est que la continuation.

La présence d'un corps étranger, de tumeurs, de cysticerques sont aussi autant de causes pouvant la déterminer et nous verrons qu'on les rencontre chez le cheval.

Peters, Schindelka, Fröhner, Eversbusch ont observé des rétinites chez des animaux atteints de *morbus maculosus* (anasarque ou fièvre pétéchiale), de pneumonies, de leucémie. Il est probable qu'un grand nombre de maladies infectieuses, sinon toutes, peuvent les déterminer. Il en est de même des infections liées aux maladies du rein (néphrites); on sait combien est fréquente chez l'homme la rétinite albuminurique.

Symptômes. — Au début, les manifestations sont celles des processus inflammatoires.

Le tissu rétinien, infiltré de leucocytes, s'œdématie, se gonfle, il perd sa transparence. Le fond de l'œil prend une teinte louche, le tapis noir prend une coloration grisâtre, due à l'œdème qui masque les couches pigmentaires profondes. Le tapis clair perd son éclat. Les points bleus ou verts disparaissent et la teinte est beaucoup plus uniforme. Mais les lésions sont encore plus facilement appréciables dans la région péripapillaire.

L'œdème rétinien comprime, en effet, les vaisseaux, dont le calibre est diminué; beaucoup sont enveloppés et masqués par un voile dû à l'état des tissus sus-jacents. Enfin, les contours de la papille ne sont plus nets et bien limités; l'anneau sclérotical s'atténue de plus en plus, car la papille participe aux mêmes processus et on a affaire à des névro-rétinites. La papille présente un aspect sale et rougeâtre.

A ces symptômes du début peuvent s'ajouter l'apparition de *plaques blanchâtres* et d'*hémorragies*.

Les taches blanches, parsemées, isolées ou rassemblées, peuvent revêtir les formes les plus variables; quand elles sont superficielles, elles recouvrent parfois les vaisseaux rétiniens, ce qui permet de les localiser exactement. Ces plaques sont le résultat d'exsudats inflammatoires, de foyers de dégénérescence graisseuse ou de cirrhose rétinienne.

Très souvent, les vaisseaux s'enflamment eux-mêmes, ils sont atteints de péri et endo-vasculite; tous ces processus aboutissent à la sclérose et à l'ischémie rétinienne, parfois complète (Voy. pl. IV, fig. 1).

En dehors de ces placards blanchâtres, on rencontre, quand l'inflammation a atteint les couches rétiniennes profondes, des plaques atrophiques parsemées et entourées d'amas noirâtres de pigment; ce sont les symptômes des *rétino-choroïdites*. Pour leur description, nous renvoyons au chapitre de la *choroïdite disséminée* et aux planches qui s'y rapportent.

Les symptômes fonctionnels consistent dans des troubles de la vue, caractérisés par un affaiblissement de l'acuité visuelle. Mais la constatation de l'amblyopie étant difficile chez les animaux, ce sont les symptômes objectifs qu'il faudra surtout recueillir.

Hémorragies rétiniennes. — Les hémorragies sont fréquentes dans les rétinites. Elles sont la conséquence d'une rupture des vaisseaux, soit par gêne de la circulation (névrite étranglée, stase papillaire, Voy. pl. III, fig. 2), soit par suite du mauvais état des parois, atteintes de dégénérescences de toute sorte.

On rencontre aussi les hémorragies rétiniennes dans des infections. Eversbusch a décrit une rétinite apoplectique chez deux chevaux, l'un d'eux mourut du scorbut. Schindelka a décrit des hémorragies chez des chiens empoisonnés par des ptomaïnes; leur rétine était pleine d'îlots hémorragiques.

On a trouvé les hémorragies rétiniennes dans la leucémie, l'anémie pernicieuse, dans le diabète, dans les cas d'embolies, d'artério-sclérose généralisée.

Elles se présentent, soit sous forme de *flammèches*, allongées parallèlement aux vaisseaux, dans leur voisinage immédiat, soit sous forme de *plaques hémorragiques* plus ou moins larges. Ces flammèches ou ces plaques présentent une coloration rouge qui permet de les reconnaître et de les différencier des taches constituées par des amas pigmentaires. Quand elles vieillissent, elles s'assombrissent et prennent une teinte brunâtre. Le siège de ces plaques, superposées au tapis, est facile à délimiter.

Quand les hémorragies restent cantonnées dans le tissu rétinien, il n'existe pas de trouble du vitré; mais il peut arriver, si elles sont abondantes, qu'elles fassent irruption dans le corps vitré. Des cas pareils ont été signalés par Tsarenko, Kölm, Möller; les symptômes observés sont ceux que nous avons décrits dans les *hémorragies du corps vitré*.

Décollement de la rétine. — Le décollement rétinien consiste dans la perte de contact de la membrane visuelle avec la choroïde.

A l'état normal, en ouvrant un œil, on s'aperçoit de la facilité extraordinaire avec laquelle la rétine se détache de la choroïde, en y laissant adhérente sa couche pigmentaire.

La rétine se trouve accolée à la choroïde, parce qu'elle est maintenue par le corps vitré, de dedans en dehors, et parce que ses bâtonnets se trouvent emprisonnés par les pseudopodes des cellules pigmentaires. Chez le cheval, ces cellules atrophiées dans toute la région du tapis clair ne constituent pas un lien puissant, et, *à priori*, on conçoit qu'un décollement rétinien se produira facilement, toutes les fois qu'un exsudat, qu'un liquide épanché entre elle et la choroïde la soulèvera et que le corps vitré subira des phénomènes de rétraction.

La pathogénie du décollement rétinien n'est point complètement élucidée, mais on peut néanmoins, en se basant sur des recherches anatomo-pathologiques et expérimentales, arriver à en saisir le mécanisme dans plusieurs cas.

Nous éliminerons tout d'abord les *décollements traumatiques*, qui sont presque toujours le résultat d'un épanchement sanguin venu de la choroïde ; dans le même ordre, nous mettrons les décollements provenant de rupture des vaisseaux choroïdiens, dans certains cas de tumeurs malignes. Celles-ci peuvent par leur existence même causer le décollement.

Jadis les auteurs étaient divisés en deux partis. Les uns admettaient que le décollement était le résultat du soulèvement de la rétine par l'exsudat choroïdien; les autres, que le seul coupable était le ratatinement du vitré.

Si nous considérons les décollements rétiniens observés chez le cheval, nous les rencontrons presque toujours à la suite de cette affection si commune : l'irido-choroïdite. Berlin, sur 21 yeux atteints autrefois de « fluxion périodique », a trouvé 18 décollements. Eversbusch et Möller ont fait les mêmes constatations.

Or, dans cette affection inflammatoire, il se produit évidemment des exsudats extra-choroïdiens qui s'épanchent entre la membrane vasculaire et les bâtonnets ; ceux-ci subissent des altérations aboutissant souvent à la désagrégation; la rétine n'est plus retenue par sa couche neuro-épithéliale, et se laisse soulever par les produits inflammatoires. Entre la rétine et la choroïde, on rencontre une sérosité jaunâtre, se coagulant à la chaleur et par certains réactifs, sérosité qui maintient le décollement.

Parfois la rétine se déchire et le liquide sous-rétinien communique avec le liquide vitréen. De Wecker admet même l'existence constante de cette déchirure et prétend que c'est le vitré qui passe par cette ouverture pour aller soulever la rétine. Nous croyons, au contraire, que les déchirures, quand elles existent, ne surviennent que plus tard et qu'elles sont facilitées par des altérations profondes de la membrane visuelle, macérant désormais dans du liquide pathologique.

Mais ce liquide ne donnerait pas lieu à des décollements considérables si le tissu qui soutient la rétine, le vitré, ne subissait pas des altérations. Malheureusement, il n'en est pas toujours ainsi. Les choroïdites séreuses, exsudatives, amènent des troubles profonds dans la nutrition du vitré; il perd sa consistance, se ramollit, ne tarde pas à se rétracter, et en se rapprochant du cristallin, il entraîne la rétine.

On peut, d'ailleurs, faire la nécropsie d'un œil atteint d'atrophie à la suite d'irido-choroïdite, et on constatera facilement le décollement rétinien, consécutif à la rétraction du vitré et de la membrane hyaloïde.

Cliniquement, on rencontre toujours des altérations du vitré (ramollissement, rétraction) dans les cas de décollement. Richter a constaté chez deux poulains venant des mêmes parents, des yeux microphtalmes atteints de synchisis et de décollement rétinien.

Expérimentalement aussi, on a déterminé ces lésions en altérant la composition du vitré : Rählmann, Leber les ont produites en injectant des solutions de chlorure de sodium.

En définitive, c'est au vitré qu'est due la plus grande partie des décollements; mais il est des cas où l'exsudation sous-rétinienne joue un rôle important. Souvent enfin ces deux causes peuvent être combinées.

Le décollement peut être *partiel* ou *total*. Dans ce dernier cas, la rétine est suspendue en forme d'entonnoir, de convolvulus, par son insertion ciliaire et le nerf optique. Ainsi appendue à la papille, elle est absolument entourée par le liquide sous-rétinien.

Les symptômes sont variables suivant les deux cas. Dans le décollement *partiel*, à l'éclairage direct, la partie saine de la rétine paraît seule éclairée, le tapis réfléchissant, quoique moins bien qu'ordinairement, les rayons lumineux; mais en arrivant dans la région malade, le fond de l'œil perd son éclat et on voit apparaître une masse grisâtre, gris bleuâtre, très souvent *tremblotante*. C'est la portion décollée.

En examinant avec plus d'attention et à l'image droite, on constatera la présence de nombreux troubles du corps vitré. Le fond de l'œil paraît sale, la papille diffuse, surtout quand le décollement est proche. Si on veut explorer la surface décollée, qui affecte des formes extrêmement variables, il faut faire usage de verres convexes, car cette portion est devenue hypermétrope ; le verre correcteur, qui permet de voir nettement certaines portions, indiquera même la hauteur du soulèvement. (Trois Dioptries correspondent à un raccourcissement de 1 millimètre de l'axe antéro-postérieur.)

A la surface du décollement se trouvent des raies rouges ; ce sont les vaisseaux rétiniens. Ils sont surtout visibles dans le point où commence le décollement ; on les voit se couder et monter à la surface de la tumeur.

Chez le cheval, en raison des faibles dimensions des vaisseaux rétiniens, ce symptôme manque quand le décollement est périphérique ou qu'il est très étendu.

Le reste du fond de l'œil est souvent altéré, surtout à la suite des irido-choroïdites où le tapis conserve une teinte jaune sale assez caractéristique.

L'éclairage oblique permettra parfois d'explorer le décollement, s'il siège près de l'ora serrata ; autrement, il sera inutile.

Chez le cheval, le décollement partiel péri-papillaire affecte quelquefois la forme d'une rose des vents, dont chaque branche pyramidale représente un soulèvement de la rétine (Voy. pl. IV, fig. 2).

Lorsque le décollement est *total, l'œil est inéclairable* ; on ne peut donc constater la présence de ces masses arrondies, grisâtres, noirâtres, tremblotantes dont nous avons parlé. Mais à l'éclairage oblique, si le cristallin le permet, on constate en arrière l'existence d'un voile blanchâtre. Quelquefois même, à l'œil nu, la pupille permet de voir une masse blanchâtre, donnant à l'œil un reflet spécial, connu sous le nom de « reflet de l'œil de chat amaurotique » de Beer.

La vision est considérablement diminuée et finit par être abolie. La pupille est largement dilatée, réagissant peu ou ne réagissant pas du tout à la lumière.

Un symptôme important, est la diminution de la tension intra-oculaire ; l'œil est mou, très mou (T_{-1}, T_{-2}, T_{-3}), ce qui est en rapport avec les altérations du vitré.

Le pronostic est très grave. Seuls, les décollements hémorragiques, survenus à la suite de traumatismes, peuvent guérir après la résorption du caillot. Nous n'entrerons pas dans l'exposé de toute la thérapeutique épuisée en vain. On a essayé de recoller la rétine par des procédés qu'on retrouvera décrits dans les traités d'ophtalmologie humaine. Mais on comprendra aisément qu'en admettant même qu'on réapplique la rétine sur la choroïde, on ne pourra pas régénérer les éléments exquis que sont les bâtonnets et qu'on sera impuissant à lutter contre le retrait du vitré et l'atrophie de l'œil, faits si fréquents chez le cheval.

Dégénérescence kystique ou cystoïde de la rétine. — Eversbusch a observé dans la rétine des chevaux et des bœufs des productions kystiques. Chez un cheval de vingt-quatre ans, il constata l'existence d'une tumeur hémisphérique ne tremblant pas sous l'influence des mouvements des yeux. Cette tumeur transparente permettait d'apercevoir le fond de l'œil, situé derrière. On en rencontre aussi dans les yeux des vieux chiens.

Ces productions pourraient être confondues avec des décollements rétiniens; pour les différencier, Eversbusch invoque les caractères suivants : absence de tremblotement, transparence du kyste rempli de liquide clair, absence de coloration grise ou blanche, absence d'altérations pigmentaires de la rétine, intégrité de la choroïde et enfin limites nettes et contours précis.

On doit rapprocher ces altérations séniles des chevaux de celles analogues qu'on rencontre chez l'homme.

Il se forme dans la rétine, par suite de la régression des cellules de la couche des grains et par suite de l'écartement des fibres de Müller, des cavités; les grains se dissocient davantage et sont refoulés de plus en plus à la périphérie. D'autres cavités analogues apparaissent dans la couche des grains internes ou externes; puis, plusieurs se fusionnant, leur volume augmente de plus en plus. Finalement, toutes les cellules nerveuses disparaissent et la paroi kystique est constituée par les éléments conjonctifs de la rétine et les fibres nerveuses. La couche pigmentaire adhérente à la choroïde ne participe pas au processus. Ces kystes de la rétine peuvent acquérir un volume assez important et provoquer des décollements. Dans ce cas, le diagnostic ne peut être fait que tout à fait au début.

Les dégénérescences kystiques sont plus fréquentes dans les zones voisines de l'ora serrata.

Tumeurs de la rétine. — Nous avons rencontré chez deux chevaux, au voisinage de la papille, deux tumeurs, l'une piriforme, l'autre bilobée, du volume d'un gros pois à l'image droite, partant du bord papillaire et envahissant le tissu rétinien. Elles n'étaient pas transparentes.

Ces tumeurs blanchâtres ne semblent avoir déterminé aucune lésion de voisinage, la rétine environnante était saine. A leur niveau la rétine soulevée faisait partie intégrante du soulèvement. Les vaisseaux présentaient des courbes indiquant nettement l'existence d'une saillie. Dans un cas, ces vaisseaux s'écartaient pour enlacer le sommet de la grosseur (Voy. pl. V, fig. 1).

Ces néoformations sont pourvues de vaisseaux très fins, ou n'en possèdent pas.

Quelle est la nature de semblables productions ? Nous n'en savons rien. L'évolution clinique et l'examen anatomopathologique seuls pourraient trancher la question. C'est ce que nous n'avons pu faire.

Bayer a reproduit dans son *Atlas* des productions analogues et déclare qu'il ignore quelle en est la nature.

M. Joly nous a communiqué le dessin d'une tumeur semblable du volume d'une grosse noisette à l'image droite et de couleur gris bleuâtre.

Ces tumeurs présentent toutes, du moins pour les observations que nous venons de rapporter, ce caractère particulier de siéger invariablement sur le bord papillaire. L'une des extrémités de la tumeur part de la papille et l'autre empiète plus ou moins loin sur la rétine.

Elles semblent se développer aux dépens du tissu nerveux et provenir de l'épanouissement du nerf optique.

Dans les deux observations qui nous sont personnelles, elles ne semblaient avoir modifié en rien l'acuité visuelle. Le cheval qui fait le sujet de l'observation de M. Joly était pris de frayeurs subites et inexplicables.

Born a décrit un sarcome à cellules rondes de la rétine.

IV. — Choroïde.

CHOROÏDITES. — TUMEURS DE LA CHOROÏDE.

La choroïde entretient des rapports intimes de circulation avec les autres parties du tractus uvéal, corps ciliaire et iris, et l'on pourrait croire que son inflammation ne reste jamais localisée, mais s'étend aux régions antérieures ou réciproquement. Si le fait existe, et nous en avons de nombreux exemples dans les cas d'irido-choroïdite, il n'en reste pas moins vrai que la choroïde jouit d'une certaine indépendance morbide, comme on l'observe dans la choroïdite disséminée particulièrement.

Par suite des rapports de contiguïté de la choroïde avec la rétine et la sclérotique, il est probable que son inflammation peut être la conséquence de rétinites, névrites, sclérites, etc. Mais il faut reconnaître qu'en raison de sa fonction de nutrition, la choroïde, dans ces dernières associations morbides, doit être le plus souvent le point de départ de la phlegmasie.

La choroïdite est une des maladies les plus fréquentes à observer chez le cheval; c'est surtout sous la forme disséminée qu'on la rencontre le plus souvent.

Pour les besoins de la clinique, nous la diviserons en *choroïdite diffuse* et *choroïdite disséminée*. Nous signalerons ensuite la choroïdite tuberculeuse que Ripke a observée chez le bœuf.

I. **Choroïdite diffuse** (Voy. pl. VI). — Elle peut être indépendante de toute phlegmasie dans les régions antérieures du tractus uvéal ou s'accompagner d'iritis. Dans ce dernier cas, elle prend le nom d'*irido-choroïdite*.

On rencontre des cas, en effet, où rien d'extérieur n'attire l'attention de l'observateur, tout se passant dans les régions profondes de l'œil. L'ophtalmoscope montre, à travers des milieux parfaitement transparents, des modifications dans l'aspect du tapis clair, dans la répartition du pigment rétinien, qui attirent tout d'abord l'attention.

On rencontre, dit Vachetta, comme premier symptôme, une grande rougeur du fond de l'œil, rougeur qui, d'après Carrère, siégerait autour de la papille. Sans nier l'existence de ce fait, nous tenons cependant à attirer l'attention sur son interprétation. Nous rappellerons, en effet, qu'on rencontre à l'état normal et dans un grand nombre de cas, tantôt une surface rouge située plus particulièrement sur la ligne médiane du tapis clair et qui n'est que le *tapet colobom* de Berlin; tantôt une rougeur située autour de la papille, ou dans une région plus ou moins étendue du tapis sombre, et qui n'est que le résultat d'une absence partielle du pigment rétinien et du pigment choroïdien.

Étant donnée la structure de la choroïde chez le cheval, nous ne voyons pas, en dehors des anomalies congénitales précitées, la possibilité d'apercevoir la congestion de cette membrane.

Ce qui est beaucoup plus caractéristique, c'est la *teinte jaune sale* que présente le fond de l'œil, teinte tranchant nettement sur la couleur du tapis clair et se fonçant un peu en passant dans le tapis sombre.

Les points bleus ou verts du tapis clair apparaissent plus flous, comme baignés dans un brouillard ; quelquefois, ils ont disparu tout à fait et on n'a sous les yeux que la teinte jaune sale.

Les vaisseaux rétiniens passent à la surface de l'exsudat sans présenter de modification dans leur aspect extérieur, et ce n'est que dans les cas où la rétine participe à l'inflammation, qu'ils se congestionnent, ont des bords indécis et finissent par disparaître.

A côté, ou traversant ces exsudats, on rencontre, assez souvent, des bandes où la coloration jaune a disparu, faisant place à un fond bleu pâle ou gris, parsemé d'îlots pigmentaires. Ces bandes se croisent en divers sens et sont généralement bordées de pigment. Ce sont des lésions appartenant à une période plus avancée de la phlegmasie choroïdienne : l'exsudat épanché s'est résorbé en amenant une perturbation dans la répartition du pigment choroïdien et rétinien.

Il n'est pas impossible que l'exsudat s'organise et forme par rétraction des bandes d'aspect cicatriciel, ainsi que le prouvent une observation du Dr Labat et les nôtres.

En même temps que les aspects précédents, on peut voir des plaques de différentes dimensions, de couleur grisâtre ou blanchâtre et qui témoignent que la choroïde s'est atrophiée partiellement ou en totalité. Ces plaques d'atrophie, qui n'ont pas de siège de prédilection, ressemblent à celles que nous décrirons dans la choroïdite disséminée.

A ces symptômes appartenant en propre à la choroïdite s'en ajoutent d'autres, qui sont le résultat d'altérations de voisinage. C'est ainsi que l'exsudat produit des décollements rétiniens. La rétine participe presque toujours à l'inflammation, comme le prouvent la disparition et la migration de son pigment ; on constate çà et là des plaques de rétinite, et à une époque plus ou moins avancée, elle s'atrophie et avec elle la papille.

Nous avons examiné les cas où les milieux parfaitement transparents permettaient une étude facile des lésions. Il arrive fréquemment que la choroïdite s'accompagne d'un trouble plus ou moins épais du vitré qui réduit, on le comprend sans peine, les signes fournis par l'ophtalmoscope, s'ils ne sont négatifs. On n'aperçoit plus alors dans le fond de l'œil que la papille, dont les bords sont nébuleux et la teinte rouge sale.

Si, à ces troubles du vitré, s'ajoute de l'injection péri-kératique, située profondément sous la conjonctive et indépendante de cette membrane, associée à des douleurs circum-orbitaires assez intenses pour susciter les défenses de l'animal, lors de l'exploration digitale de l'œil, la choroïdite n'est plus localisée. Elle s'est propagée aux parties antérieures, et alors vont se dérouler tous les signes de l'*irido-choroïdite*. Plusieurs fois, nous avons assisté à cette propagation d'arrière en avant. Au début, les milieux du segment antérieur étaient transparents, l'iris possédait sa couleur normale, et la pupille se dilatait régulièrement et complètement, laissant voir la teinte jaune sale du fond de l'œil; puis progressivement le trouble de l'humeur vitrée se faisait plus abondant et des synéchies finissaient par s'opposer à la dilatation mydriatique. C'était l'irido-choroïdite avec toutes ses conséquences irrémédiables.

Dans l'*irido-choroïdite*, tout le tractus uvéal est envahi. Les symptômes qui prédominent et qui sont les plus faciles à constater sont ceux de l'irido-cyclite. Étant connus de tous, puisque ce sont ceux de la *fluxion périodique*, nous ne ferons que les citer: paupières tuméfiées, injection péri-kératique à siège profond, tension oculaire plus élevée au début, aspect terne de l'iris qui est paresseux dans ses mouvements, souvent immobilisé, orifice pupillaire à contours irréguliers par suite de synéchies, coagulum fibrineux, sang ou leucocytes dans la chambre antérieure. Voilà pour les signes objectifs. Les signes fonctionnels consistent en larmoiement, photophobie (horreur de la lumière), ainsi que l'indique l'occlusion des paupières, douleurs circum-orbitaires.

Après un premier accès, si les milieux antérieurs ont repris leur transparence, l'ophtalmoscope dévoile en partie les troubles profonds que nous avons signalés précédemment. Mais souvent la première attaque a été suffisante pour amener des altérations ne permettant plus le passage des rayons lumineux; le cristallin s'est opacifié, le globe oculaire s'est ramolli, le vitré se rétracte, la rétine se décolle, et on assiste progressivement à la phtisie de l'œil atteint.

Nous ne dirons rien de plus de cette affection, au cours de laquelle l'ophtalmoscope, en dehors de l'examen des régions antérieures, perd souvent ses droits. Nous insisterons seulement sur ces cas, où le processus suit une marche rétrograde procédant de la choroïde vers l'iris, et dans lesquels l'ophtalmoscope peut fournir des renseignements dont l'importance saute aux yeux.

Les *troubles visuels* sont constants dans cette forme de choroïdite, particulièrement quand il existe des opacifications du vitré et du cristallin. La rétine, irritée sur une grande étendue, réagit en produisant des lueurs phosphorescentes, des éclairs qu'on désigne sous le nom de *photopsies*, et qui doivent surprendre l'animal ; si on y ajoute les mouches volantes, l'amblyopie, on aura des causes suffisantes pour expliquer la peur, les écarts sans motifs qu'on observe sur les animaux porteurs de ces lésions. Enfin, la cécité est, à une époque plus ou moins éloignée, la terminaison presque fatale de la choroïdite diffuse et de l'irido-choroïdite.

II. Choroïdite disséminée (Voy. pl. VII). — On rencontre souvent dans le tapis sombre, en dehors des dépigmentations congénitales décrites précédemment, des taches qui tranchent par leur coloration plus claire sur le fond noir violacé, noir rougeâtre, bleuâtre ou verdâtre de cette partie de la choroïde.

Leur forme, leur dimension, leur aspect, leur nombre sur le même sujet et leur fréquence suivant les individus sont assez variables.

Pour la facilité de la description, nous les diviserons en trois groupes :

Le *premier groupe* (Voy. pl. VII, fig. 1) comprend des plaques blanc jaunâtre ou blanc grisâtre de la dimension d'une graine de lin ou d'un bouton de chemise, à bords diffus et que nous pourrions comparer à des taches de graisse figée, répandues sur un fond noir. Elles sont ordinairement isolées les unes des autres, mais peuvent, plus rarement, se fusionner par leur bord. Plus ou moins nombreuses sur un même individu, elles siègent presque toujours, pour ne pas dire constamment, dans le tapis sombre, au-dessous de la papille. Les vaisseaux rétiniens passent à leur surface.

Ces plaques sont assez rares : nous ne les trouvons signalées qu'une vingtaine de fois dans nos observations.

Macroscopiquement, elles se présentent sur le cadavre sous forme de petits points mesurant 1 millimètre à 1mm,5 de diamètre et semblant faire saillie sous la rétine. Ces points tranchent par leur coloration grisâtre sur le fond noir du tapis sombre ; on dirait de fines gouttelettes de liquide tenant en suspension quelques grains de pigment.

Le *deuxième groupe* (Voy. pl. VII, fig. 2) est formé de plaques de la dimension d'un bouton de chemise, d'une lentille ou encore d'une grosse tête d'épingle. Elles sont tantôt arrondies, tantôt plus ou moins régulièrement elliptiques et présentent presque toujours un bord bien régulier, bien dessiné, bordé de pigment ; cependant, nous avons vu — particulièrement lorsque le tapis sombre est peu pigmenté et apparait rouge — ces plaques limitées par un bord pigmentaire festonné.

Leur fond est très variable ; tantôt il est d'une teinte uniforme, blanc nacré, gris, bleuâtre ou rougeâtre ; d'autres fois et le plus souvent, il existe au centre de la plaque un reste de pigment, ce qui la transforme en réalité en une couronne à fond gris ou blanc pouvant être coupé çà et là de stries rouges.

Ces taches sont solitaires ou réunies en groupe ; on peut en rencontrer une, deux, trois situées en avant ou en arrière de la papille, ou encore en bas ; d'autres fois elles sont très abondantes, et on pourrait en compter vingt ou trente alignées en demi-cercle sur un, deux ou trois rangs, au-dessous et sur les côtés de la papille.

Dans certains cas plus rares, ce sont des points blancs de la grosseur d'une tête d'épingle, qui se groupent autour du limbe papillaire pour former un dessin de dimension variable et d'aspect bizarre ; on dirait que la coque oculaire est percée en écumoire et laisse voir un écran blanc.

Sur 670 chevaux examinés à ce point de vue, nous avons rencontré 173 fois ces taches. Elles existent tantôt dans un seul œil, tantôt dans les deux.

On les rencontre chez les chevaux de tous ages ; un lot de 205 jeunes chevaux de quatre à cinq ans nous a fourni 78 cas, c'est-à-dire 1 pour 3 environ.

Troisième groupe. — A côté des petites taches précédentes, existent des plaques beaucoup plus grandes. Leur bord est polycyclique; leur fond n'est pas uniforme, mais blanc, bleu, gris, le tout parsemé d'îlots pigmentaires et coupé de traînées rouges diffuses, qui sont des vaisseaux choroïdiens.

Ces plaques sont situées à une distance variable de la papille, plus spécialement en avant et en arrière ; quelques-unes occupent le pourtour papillaire, dont elles embrassent le bord sur une plus ou moins grande étendue en formant ainsi, tantôt un croissant, tantôt un anneau complet. Dans ces cas, la papille ne possédant plus son anneau pigmenté choroïdien est diffuse sur son bord, qui ne se distingue que par la teinte blanc jaunâtre de l'anneau périphérique, formé par la gaine celluleuse du nerf optique

Les vaisseaux rétiniens passent à leur surface, sans déviation appréciable. Ils sont accompagnés quelquefois d'une bordure de pigment noir qui en dissimule les bords ; d'autres fois, ils sont bien isolés et paraissent alors plus ténus.

Dans un même œil, on rencontre une ou plusieurs de ces plaques dont les unes se trouvent dans la partie excentrique du champ ophtalmoscopique et semblent se prolonger dans les régions antérieures du globe oculaire, d'où la nécessité d'un examen complet après dilatation pupillaire.

Nous les avons trouvées 50 fois sur 670 chevaux.

Nature. — Quelle est la nature de ces différentes plaques? Doit-on les considérer comme des lésions pathologiques ou comme des anomalies congénitales? Existe-t-il une relation entre les unes et les autres? Enfin, ont-elles une influence pernicieuse sur la vision du cheval? Autant de points très importants, que nous allons essayer d'élucider.

Elles ne semblent pas avoir attiré outre mesure l'attention des auteurs qui ont écrit sur la matière. Cependant, Bayer, qui figure les grandes plaques dans son *Atlas*, pense qu'elles sont de nature pathologique et base son assertion sur ce qu'il les a rencontrées dans des yeux atteints de fluxion périodique. Il ne fait pas mention des autres. Carrère décrit des plaques de choroïdite exsudative et rattache les taches du deuxième groupe à la choroïdite atrophique. Smith a observé également les grandes plaques péri-papillaires, qu'il décrit comme des anomalies congénitales.

En résumé, si des opinions contradictoires ont été émises sur la nature de ces différentes modifications dans l'état normal du fond de l'œil, c'est que personne à notre connaissance n'a assisté à leur marche évolutive.

L'un de nous, dans une thèse sur le fond de l'œil normal chez le cheval, avait cru devoir décrire toutes ces plaques comme des anomalies congénitales, en raison de leur fréquence chez des animaux de tous âges et de l'absence de phénomènes congestifs ou inflammatoires concomitants bien déterminés. L'observation montre, en effet, que chez l'homme, les plaques exsudatives de la choroïdite disséminée s'accompagnent souvent de troubles du corps vitré que nous n'avons jamais observés chez le cheval.

Des observations anciennes, que nous avons pu compléter, nous obligent, d'ailleurs avec plaisir, à modifier notre opinion.

Dans des recherches datant des mois d'août, septembre et octobre 1895, nous avons noté au-dessous de la papille un assez grand nombre de plaques blanc jaunâtre ou blanc grisâtre qui font l'objet de notre premier groupe. Des faits du même genre, recueillis environ un an après, ayant ravivé nos souvenirs, nous engagèrent à examiner de nouveau les sujets anciens. L'aspect du fond de l'œil, chez tous, était absolument différent : les taches d'aspect graisseux avaient fait place aux petites et grandes plaques des deuxième et troisième groupes.

C'est ainsi qu'ayant assisté à l'évolution de ces lésions, nous pouvons maintenant répondre aux questions que nous posions précédemment.

Nos observations montrent, en effet, qu'il y a une relation intime entre ces différents aspects du fond de l'œil, et qu'il s'agit de lésions dont la marche évolutive est facile à reconstituer.

La choroïde, sous l'influence d'un agent physique, chimique ou spécifique que nous ne connaissons pas, est le siège de phénomènes congestifs et inflammatoires qui se traduisent tout d'abord par une exsudation localisée en un ou plusieurs petits foyers. Nous avons dit déjà que ces points exsudatifs ne s'accompagnaient pas de troubles du vitré. Ainsi se forment les taches blanchâtres du premier groupe siégeant manifestement dans la choroïde, ainsi que le prouve leur situation sous les vaisseaux rétiniens intacts. C'est la *phase exsudative* de la choroïdite disséminée.

Plus tard, l'exsudat disparaît en produisant une sorte de désorganisation pigmentaire; la choroïde s'atrophie; quelquefois les vaisseaux choroïdiens sont respectés en partie et apparaissent sous forme de traînées rouges diffuses; ils pourront disparaître ultérieurement, comme des examens successifs nous ont permis de le voir. C'est la *phase atrophique* de la choroïdite disséminée qui correspond aux plaques du second groupe.

Enfin, si l'affection continue son évolution, les petits îlots de choroïdite atrophique finissent par se réunir et former les larges plaques du troisième groupe. L'atrophie partielle ou totale de la membrane vasculaire, suivant les points considérés et la raréfaction du pigment, expliquent l'aspect de mosaïque des régions envahies (Voy. pl. V, fig. 2).

Cette phase correspond, quand les plaques sont péri-papillaires, à ce qu'on désigne chez l'homme sous le nom de *choroïdite postérieure* ; mais l'atrophie choroïdienne ne semble pas s'accompagner chez le cheval de l'ectasie de la sclérotique ou *staphylome postérieur*, cause de la myopie forte progressive qu'on observe chez le premier. En résumé, il y a choroïdite postérieure et non scléro-choroïdite.

D'après cette évolution, on pourra peût-être s'étonner de la rareté relative des plaques exsudatives. Or il est probable que le début de l'affection a lieu dans le jeune âge, alors que les poulains sont, au paccage, soumis aux influences morbides de toute sorte, et cette rareté relative s'explique par ce fait que nos recherches n'ont porté que sur des chevaux de guerre, âgés d'au moins quatre ans.

La choroïdite disséminée modifie-t-elle l'acuité visuelle? — Le cheval est incapable de dissimuler, mais il est aussi impuissant à nous faire part des impressions qu'il ressent, et si nous pouvons affirmer qu'il est borgne ou aveugle, il est beaucoup plus difficile, comme nous l'avons déjà dit, de savoir dans quelle mesure il voit. Nos appréciations sur ce point ne peuvent être qu'approximatives. Voyons néanmoins ce que nous donne, dans le cas présent, la méthode d'examen que nous avons exposée à la page 56.

L'ophtalmologie comparée nous enseigne que la *choroïdite disséminée* produit chez l'homme de l'*amblyopie* (diminution de la vision), des *scotomes* (lacunes du champ visuel), de la *photopsie* (sensation lumineuse, phosphène), etc., symptômes subjectifs qui, extériorisés par le cheval, se traduiront par une modification du caractère, la peur, et une aptitude moins grande à remplir son rôle d'animal domestique. Cependant une observation attentive montre que le caractère de ces chevaux n'est pas sensiblement modifié, qu'ils ne forment pas une pépinière de peureux, que leur dressage ne réclame pas plus de soins que les autres. Ils font leur service en terrains variés, franchissent les obstacles sans qu'ils attirent, par leur maladresse manifeste, l'attention de leurs cavaliers. Ils réagissent très bien au geste agressif de la main et subissent avec succès les épreuves que nous avons signalées ailleurs. L'épreuve pupillaire ne décèle rien d'anormal.

Cette affection, telle que nous l'avons décrite, n'a donc pas une grande gravité au point de vue fonctionnel, et si elle est capable de rendre certains chevaux peureux (Carrère), ce doit être l'exception.

Chez l'homme, la choroïdite disséminée, qui débute ordinairement par la périphérie, ne prend une réelle gravité que si elle est progressive et atteint la *région maculaire*; elle entraine alors la cécité à brève échéance.

Chez le cheval, elle ne semble pas se généraliser, car nous ne l'avons jamais rencontrée en dehors du tapis sombre (1),

(1) Carrère a vu, dans un cas, des plaques de choroïdite atro-

et s'il est rationnel, bien qu'*à priori*, d'admettre, avec Chauveau et Arloing, que la *macula* doit siéger dans la région polaire profonde du globe oculaire, c'est-à-dire dans le tapis clair, un peu au-dessus de la limite des deux tapis et légèrement en avant de l'axe papillaire, ce défaut de généralisation explique son innocuité fonctionnelle.

La CHOROÏDITE TUBERCULEUSE a été observée chez le veau par Ripke: Tantôt la tuberculose donne lieu à de la choroïdite diffuse, c'est la forme miliaire ; tantôt elle donne lieu à la production de véritables tumeurs. Vachetta fait observer que le diagnostic ophtalmoscopique de la tuberculose choroïdienne est un fait de grande importance, non tant pour l'oculistique que pour la zootechnie, pour exclure de la reproduction les animaux qui en sont atteints, ou encore pour la police sanitaire (inspection des animaux et de la viande de boucherie). Nous ajouterons que son étude ophtalmoscopique est presque complètement à faire.

Les *causes* de la choroïdite sont mal connues en vétérinaire ; mais il est probable que, conformément à ce qui existe chez l'homme, l'infection sous toutes ses formes est le plus souvent en cause. Toutes les maladies infectieuses doivent lui donner naissance. On l'a vue se développer consécutivement à l'omphalite des jeunes animaux, à l'arthrite purulente. Nous l'avons rencontrée au cours d'une pleuro-pneumonie de nature infectieuse. Il serait très intéressant de rechercher quelles sont ses relations avec la gourme, cette infection de toute la substance.

Elle peut être de nature tuberculeuse, comme nous l'avons dit plus haut.

Enfin, elle est la conséquence de traumatismes et d'inflammations de voisinage.

Nous ne parlerons du *traitement* que pour reconnaître que, dans toutes les maladies du fond de l'œil, nous sommes à peu près complètement désarmés, ce qui donne plus d'importance au diagnostic dont le seul but est, en cas d'achat, le *rejet de tout animal affecté*. Nous formulons cependant, jusqu'à plus ample informé, une restriction en ce qui concerne la choroïdite disséminée, qui est extrêmement répandue chez le cheval, mais dont la lenteur d'évolution, le défaut de généralisation et le peu de troubles qu'elle apporte dans la fonction visuelle en font, en somme, une maladie très bénigne.

phique dans le tapis clair, mais il n'en donne pas une description détaillée et n'indique pas leur siège exact. Quoi qu'il en soit, le cheval Magister porteur de ces plaques a dû être abandonné par son propriétaire, comme dangereux.

En raison de l'extension possible de la choroïdite diffuse à l'iris, les instillations d'atropine à 1 p. 100 sont indiquées. Elles ont pour but de s'opposer à la formation des synéchies et à la rétraction de l'ouverture pupillaire qui en est la conséquence. C'est d'ailleurs à peu près le seul traitement de l'irido-choroïdite. Nous devons cependant citer dans ce dernier cas les tentatives d'iridectomie faites par Grandclément et Cadéac (*Journal de l'École de Lyon*, 1897).

Les saignées à l'angulaire de l'œil, la révulsion interne et autour de l'orbite auront peu de chances de succès.

Dans la choroïdite disséminée, l'atropinisation est inutile et il n'y a qu'à se tenir dans l'expectation.

Tumeurs de la choroïde. — L'existence des tumeurs malignes de la choroïde doit être plus fréquente que ne le feraient croire les observations publiées.

Il s'agit presque toujours de *sarcomes*.

Les tumeurs choroïdiennes présentent toujours à l'examen histologique une coloration brunâtre qui les fait ressembler à des truffes.

Cette pigmentation tient à l'existence des cellules pigmentaires normales de la choroïde ou bien à la pigmentation des cellules mêmes de la tumeur. Dans ce dernier cas, le sarcome est dit mélanique.

Symptômes. — On peut diviser l'évolution des tumeurs choroïdiennes en quatre périodes, comme on l'a fait chez l'homme.

Dans la première période, la tumeur progresse silencieusement.

Dans la deuxième, apparaissent des accidents glaucomateux.

Dans la troisième, le néoplasme brise la coque oculaire et envahit les organes voisins.

Dans la quatrième, il se généralise et l'animal succombe.

Première période. — Bien rarement on aura l'occasion d'observer la production d'un sarcome à son début, les symptômes subjectifs ne pouvant être relevés.

Si, par hasard, on observe le fond de l'œil à ce moment, on verra une grosseur plus ou moins proéminente, à sommet arrondi, régulière ou irrégulière, parfois bilobée, qui s'avance vers le centre de l'œil. Sa coloration est plus ou moins rosée. La rétine recouvre cette tumeur, du moins au début, et c'est là un fait très important pour le diagnostic, car les sarcomes présentent un réseau vasculaire propre. On verra donc à leur niveau deux couches de vaisseaux, l'une formée par ceux de la rétine, l'autre par ceux de la tumeur. Malheureusement, bientôt la tumeur s'accompagne d'un décollement rétinien qui peut la masquer. La tumeur et le décollement produisent parfois un reflet de la papille qui attire l'attention ; c'est le reflet dit de « l'œil de chat amaurotique ». Il doit faire pratiquer immédiatement l'examen de l'œil, car c'est toujours un symptôme très grave.

Deuxième période. — Sous l'influence de l'accroissement de la tumeur intra-oculaire, la tension ne tarde pas à augmenter et on se trouve en présence d'accidents *glaucomateux* aigus ; paupières légèrement œdématiées ; douleurs péri-orbitaires très manifestes à l'exploration digitale ; conjonctive fortement injectée, parfois œdématiée ; cornée terne, ayant perdu un peu de sa sensibilité ; chambre antérieure très diminuée, l'iris s'accolant à la cornée ; pupille élargie, dilatée, ne réagissant plus à la lumière.

La tension de l'œil est considérablement augmentée, l'œil est dur comme une bille d'ivoire, elle correspond à T_{+3}.

L'exploration du fond de l'œil est le plus souvent impossible. L'éclairage oblique seul pourra donner quelques renseignements si la tumeur est proche du cristallin.

Troisième période. — La tumeur envahit la sclérotique qui cède en livrant passage au néoplasme. Dans un cas signalé par Bayer, un sarcome à petites cellules a perforé la sclérotique et envahi les os du crâne.

La tumeur peut aussi se faire jour par la cornée et proéminer au dehors sous forme d'un champignon rouge, saignant.

Quatrième période. — Généralisation.

Le *diagnostic* de cette affection est d'autant plus important qu'une intervention précoce peut donner une guérison temporaire ou même définitive.

Dans le *décollement rétinien simple, l'œil est toujours mou* ; dans le cas de tumeur, il est dur : donc, tout décollement qui s'accompagne d'augmentation de tension de l'œil doit faire soupçonner l'existence d'un néoplasme.

Dans l'*irido-choroïdite*, la pupille est rétrécie, pourvue de synéchies. La tension oculaire est peu augmentée au début et plus tard diminuée.

Le seul *traitement* est l'énucléation immédiate, lorsque la tumeur est intra-oculaire. Plus tard, s'il y a envahissement de l'orbite, il faudra faire l'ablation de tout le tissu envahi.

PLANCHE

FIG. 1. — *Fond d'œil normal.*

Tapis clair, bleu verdâtre avec quelques taches violacées.

Tapis sombre se fonçant de haut en bas; on y remarque des nuages rouges qui sont le résultat d'une absence de la couche fondamentale de la choroïde ou d'une diminution dans son épaisseur et d'une raréfaction du pigment rétinien. A sa surface et formant comme deux ailes à la papille, on voit deux voiles extrêmement légers, appartenant à la rétine, et formés par des fibres à myéline très ténues.

En bas de la papille, ces voiles ne se réunissent pas et forment un espace trapézoïde plus foncé où l'on ne rencontre jamais de vaisseaux.

FIG. 2. — *Fond d'œil normal.* — *Papille avec ses différentes zones.*

Les deux tapis présentent les mêmes particularités que précédemment.

La *papille* présente ses trois zones. Elle est échancrée inférieurement par un éperon choroïdien. En haut, le *croissant scléral* bleuâtre est nettement dessiné; son bord excentrique est limité par une traînée de pigment appelée *anneau choroïdien*.

Les vaisseaux sont très nombreux; plusieurs, doubles, s'avancent jusqu'au centre.

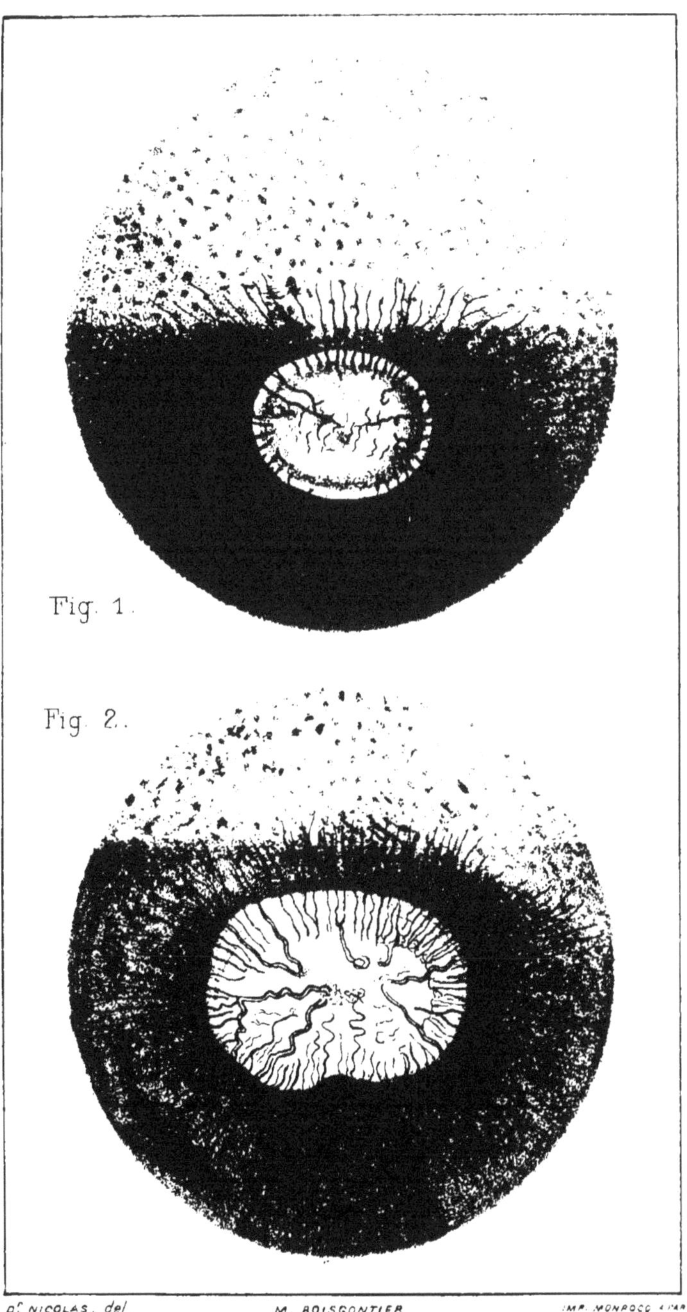

Dr NICOLAS, del — M. BOISGONTIER — IMP. MONROCQ à PARIS

Fig 1. CHEVAL Fond d'œil normal
d° 2. CHEVAL d° d° papille avec ses différentes zones

J. B. BAILLIÈRE ET FILS, à PARIS

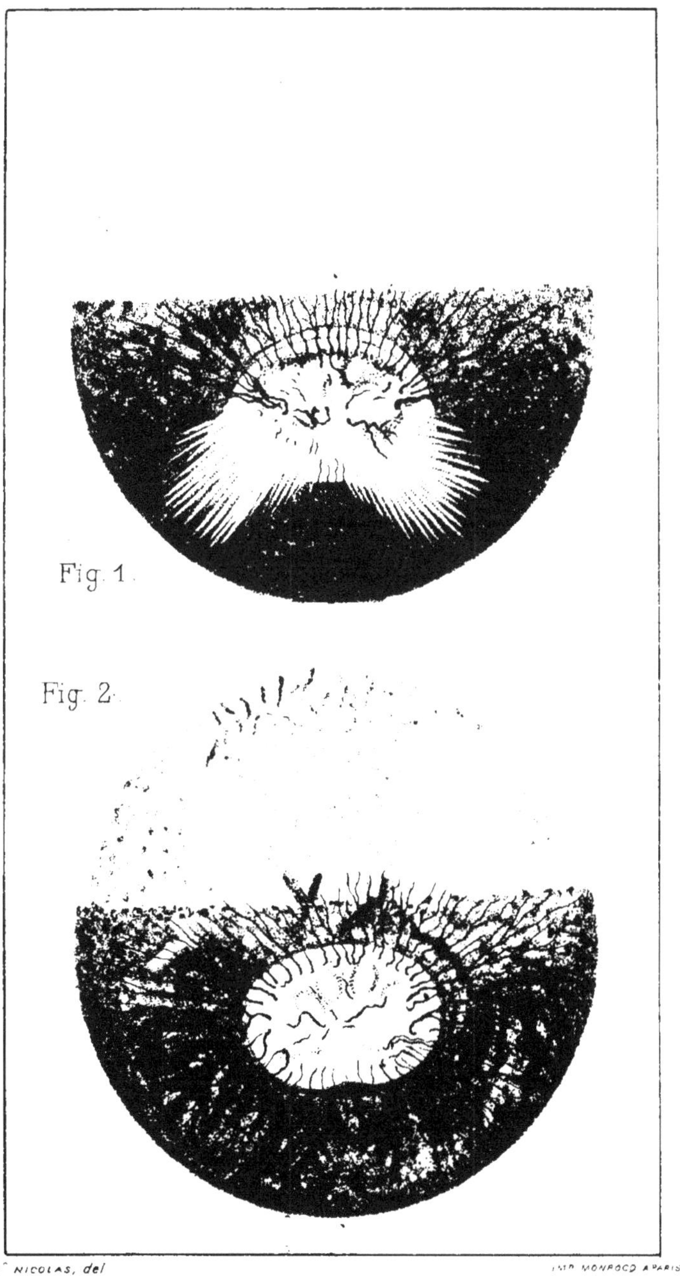

Dr NICOLAS, del. IMP. MONROCQ A PARIS.

Fig. 1. CHEVAL { Anomalie congénitale *Fibres à myeline*
d° 2. { .... d° .... d° .... *Tapis multicolore. Albinisme partiel*

J. B. BAILLIERE ET FILS, A PARIS.

PLANCHE II

Fig. 1. — *Anomalie congénitale* (fibres à myéline).

Les fibres à myéline sont fréquentes chez le cheval et forment de légers voiles, comme dans la planche précédente, ne masquant pas la choroïde. Plus rarement, elles se disposent comme ici, en épais pinceaux blanc laiteux masquant complètement les vaisseaux rétiniens et la couche pigmentaire de la rétine.

Fig. 2. — *Anomalie congénitale*.

Diminution dans l'épaisseur de la couche fondamentale de la choroïde et absence partielle du pigment choroïdien et rétinien (albinisme partiel).

Le tapis clair est remarquable par la diversité des couleurs (tapis multicolore). Dans la région moyenne (rose), la faible épaisseur de la couche fondamentale permet de voir la couche vasculaire sous-jacente.

Dans le tapis sombre, la perception des vaisseaux choroïdiens est due à l'absence partielle de pigment choroïdien et rétinien.

La papille présente, dans sa région centrale, la *lamina cribrosa* assez nettement dessinée.

PLANCHE III

Fig. 1. — *Anomalie congénitale.*

Absence totale du pigment rétinien et d'une grande partie du pigment choroïdien (albinisme partiel).

Les vaisseaux choroïdiens sont extrêmement nets.

Fig. 2. — *Stase papillaire, chez un chat, consécutive à la compression du nerf optique par une tumeur* (Stauungspapille).

L'œdème n'est pas limité à la papille, mais a envahi toute la rétine et masque la couleur de la choroïde (Comparez planche IX, fig. 2).

La situation de la papille ne se reconnait qu'à l'émergence des veines qui, plongées au milieu du tissu rétinien œdémateux, apparaissent tortueuses, floues sur les bords, mal calibrées, quelquefois interrompues.

Hémorragies nombreuses autour de la papille, sur le bord des veines et dans la continuité de vaisseaux plus fins qui sont probablement les artères.

Sur le côté droit de la figure, reliquat pigmentaire d'une ancienne hémorragie ou peut-être plaque de dégénérescence pigmentaire de la rétine.

L'autre œil présentait le même aspect général avec une hémorragie péri-papillaire très étendue. De plus, il existait un soulèvement rétinien (décollement rétinien) reconnaissable à la déviation des vaisseaux et à l'état hypermétrope de cette région.

Le chat, complètement aveugle, présentait une dilatation complète des pupilles.

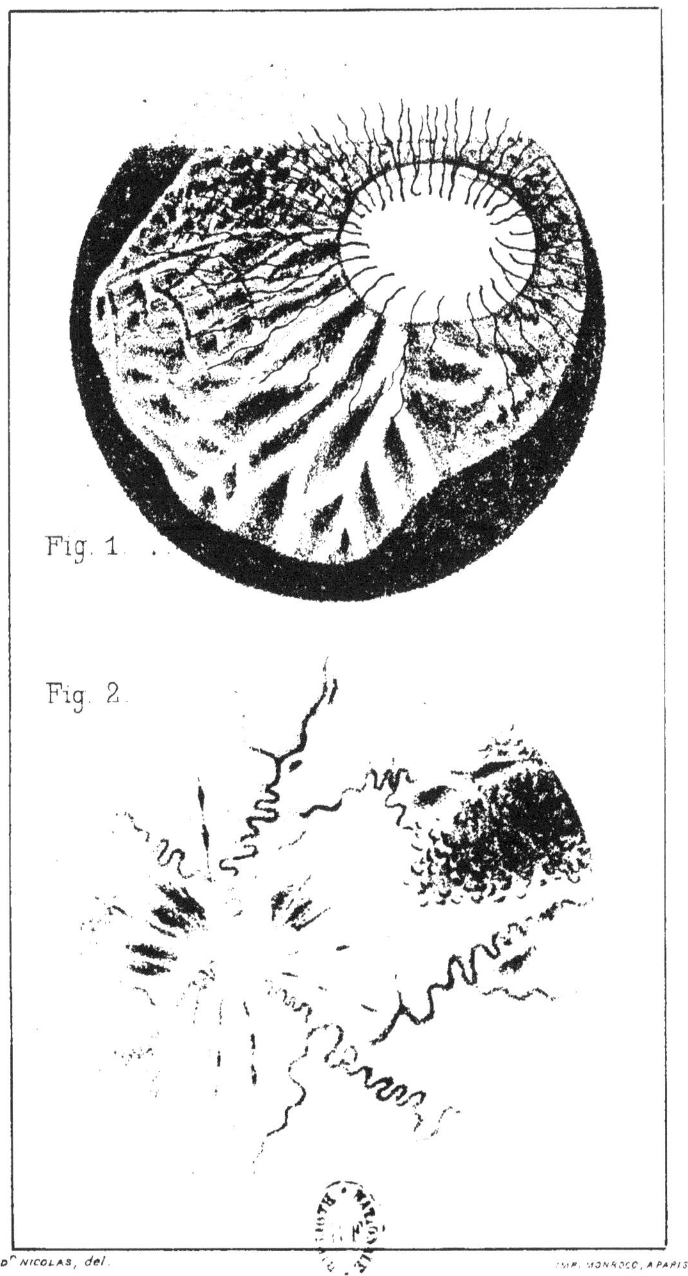

Fig. 1 _ CHEVAL _ Anomalie congénitale *Vaisseaux choroïdiens.*
Fig. 2 _ CHAT _ Stase papillaire avec œdème et hémorragies de la rétine.

J. B. BAILLIÈRE ET FILS, A PARIS

NICOLAS ET FROMAGET. Planche_IV.

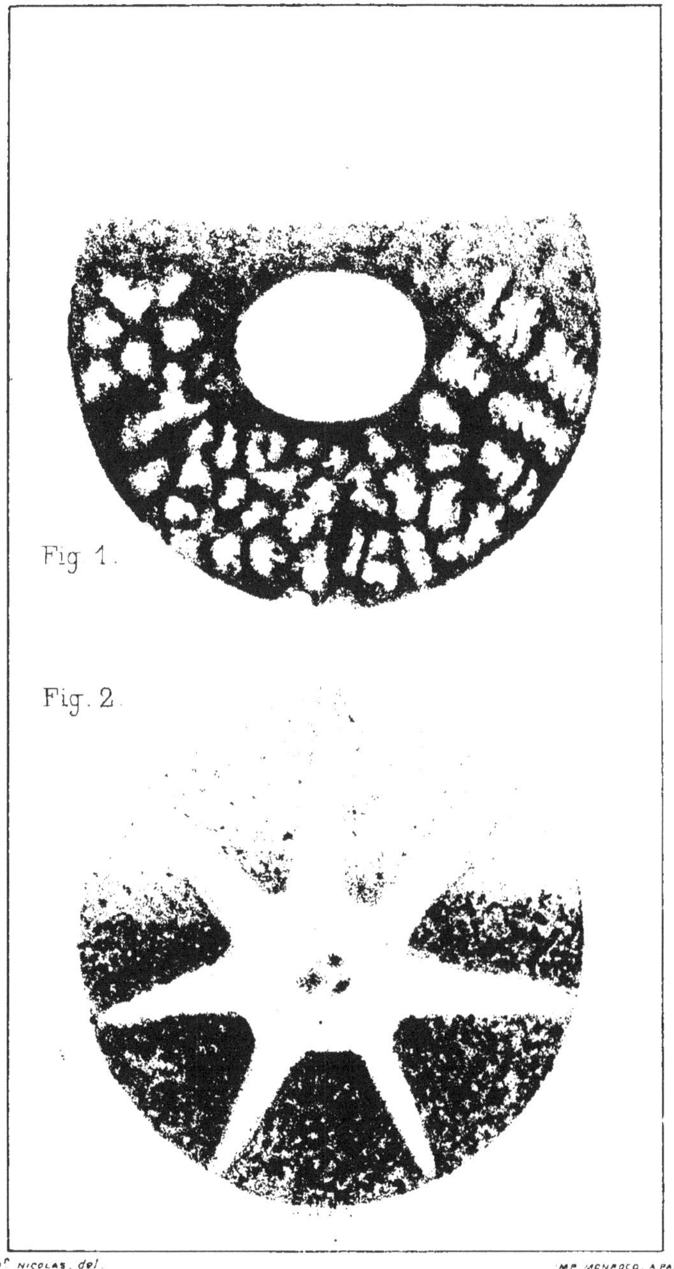

Dr NICOLAS, del. IMP MONROCQ, A PARIS.

Fig. 1. } CHEVAL { Névro-rétinite. *Atrophie du nerf optique.*
d° 2. } CHEVAL { Décollement rétinien peri papillaire

J. B. BAILLIÈRE ET FILS A PARIS.

PLANCHE IV

Fig. 1. — *Névro-rétinite avec atrophie de la papille.*

Dans le tapis sombre, nombreuses plaques blanches de dégénérescence rétinienne, qu'il est facile de distinguer des plaques d'atrophie choroïdienne, mieux délimitées (Voy. pl. VII, fig. 2). Deux autres plaques se voient dans le tapis clair.

Papille éteinte, bien délimitée, atrophiée.

Les vaisseaux rétiniens ont disparu.

L'autre œil, qui était le gauche, ne présentait rien de particulier.

Extérieurement, les deux yeux de cet animal, qui était un cheval de luxe, étaient absolument semblables et d'une limpidité remarquable. Les pupilles de l'œil malade et de l'œil sains étaient également et moyennement ouvertes.

La pupille de l'œil malade, complètement perdu au point de vue fonctionnel, réagissait à la lumière, l'autre œil étant ouvert, mais celui-ci fermé elle restait fixe et moyennement ouverte.

Nous citons cet exemple pour attirer particulièrement l'attention de l'observateur et le mettre en garde contre un examen trop rapide. Il montre, en outre, l'importance de l'examen ophtalmoscopique, car, en réalité, l'ophtalmoscope seul a montré que des deux beaux yeux du cheval en question, l'un d'eux ne remplissait d'autre rôle que celui d'un œil artificiel.

Fig. 2. — *Décollement rétinien et trouble du corps vitré.*

Par suite d'une inflammation rétino-choroïdienne, la rétine s'est décollée en formant autour de la papille une véritable rose des vents.

On se fera une idée de l'aspect macroscopique de ce décollement en examinant l'intérieur d'un œil frais non fixé; la papille est, en effet, entourée d'une étoile dont chaque branche représente une pyramide de 0,005 à 0,01 de hauteur, à base concentrique. La manipulation nécessaire pour ouvrir la coque oculaire a été suffisante, dans ce cas, pour décoller la rétine.

Cet œil présentait en outre un trouble du corps vitré rendant le contour papillaire diffus, et faisant ressembler le punctum cæcum à un vrai soleil couchant.

PLANCHE V

Fig. 1. — *Tumeur de la rétine.*

On voit, sur le bord droit du disque papillaire, une tumeur piriforme siégeant dans la rétine ou, en tout cas, entre la rétine et la choroïde.

Nous disons tumeur, à cause de sa forme, de sa base pédiculée semblant sortir avec un faisceau de fibres rétiniennes d'une lacune de la lame criblée. De plus, elle fait saillie à la surface de la choroïde et soulève la rétine qui fait partie intégrante, comme le prouve la déviation des vaisseaux rétiniens qui passent à sa surface. Enfin on remarquera qu'elle masque un vaisseau choroïdien qui traverse le tapis sombre à son niveau.

Nous avons, sur un autre cheval, rencontré la même lésion, avec cette différence que la tumeur présentait deux lobes et était sillonnée de vaisseaux extrêmement fins, formant un léger lacis à sa surface. Sa couleur, comme ici, était d'un blanc légèrement jaunâtre.

Nous pensons qu'il s'agit de cas semblables à celui observé par Bayer et figuré dans son *Atlas*; le professeur de Vienne avoue ne pas savoir à quoi il a eu affaire.

La figure 1 montre, en outre, la région supérieure du tapis clair sillonnée par les vaisseaux vorticineux qui présentent ici une teinte rouge violacé. On en rencontre souvent en portant les rayons lumineux de l'ophtalmoscope, aussi haut que possible, dans cette région.

Fig. 2. — *Choroïdite atrophique péri-papillaire.*

Le pigment rétinien a disparu en grande partie, on n'en retrouve plus que quelques vestiges.

La lésion est peu avancée, mais elle a progressé dans la suite.

NICOLAS ET FROMAGET. Planche V.

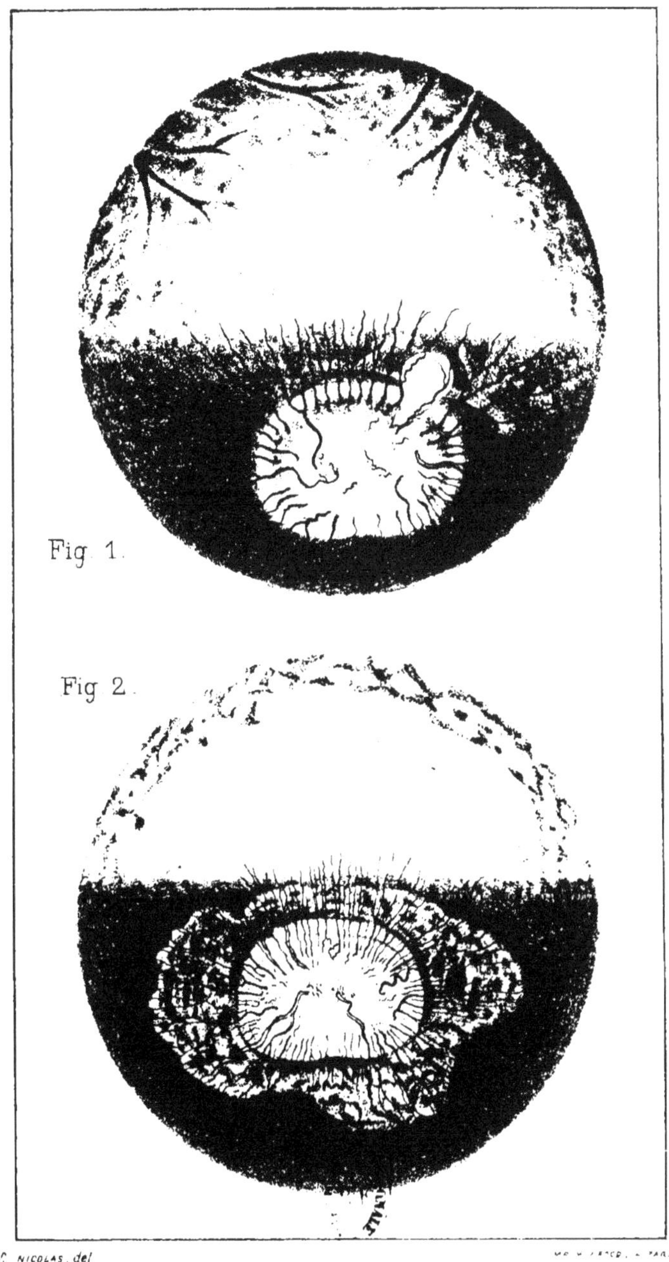

Dr NICOLAS, del

Fig. 1. } CHEVAL { Tumeur rétinienne.
d° 2. } CHEVAL { Choroïdite atrophique péri-papillaire.

J. B. BAILLIÈRE ET FILS, À PARIS.

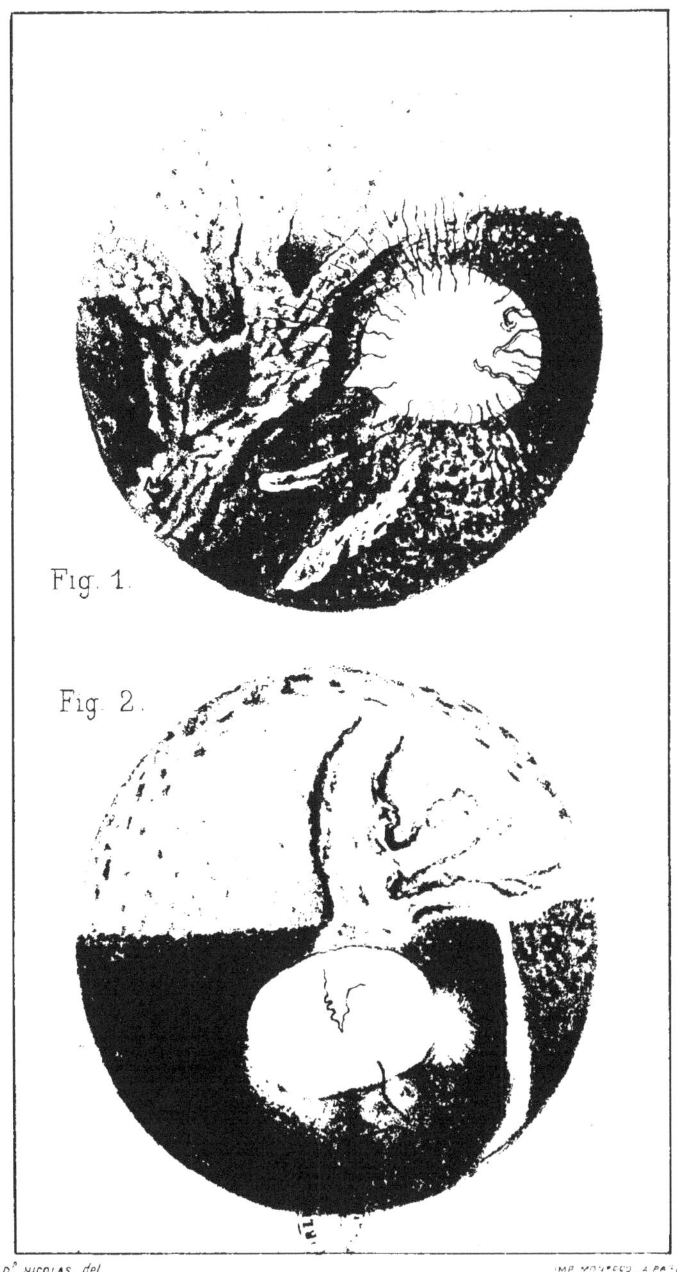

Dr NICOLAS, del. IMP. MONROCQ, A PARIS

Fig. 1. } CHEVAL { Rétino-choroïdite. *Atrophie partielle du N. O.*
d° 2. } CHEVAL { d° d° *Atrophie totale du N. O.*

J. B. BAILLIÈRE ET FILS, A PARIS.

PLANCHE VI

Fig. 1. — *Choroïdite diffuse avec rétinite et début d'atrophie de la papille.*

Dans la région gauche de la figure, le fond de l'œil est parcouru par des bandes de dépigmentation, à fond bleuâtre et semé d'îlots pigmentaires. Dans l'intervalle de ces bandes existe une teinte jaune sale d'exsudat masquant en partie la choroïde sous-jacente. On trouve en outre, bordant une de ces bandes, une plaque de dégénérescence rétinienne ; deux autres plus petites se voient sur le bord gauche du limbe papillaire.

La papille, dans sa moitié gauche, est pâle, jaunâtre, et les vaisseaux qui en partent sont fins et raréfiés.

L'inflammation diffuse de la choroïde est cause de toutes ces altérations, produisant, ici, un exsudat qui se résorbe à côté avec disparition du pigment rétinien, là, de l'atrophie ; inflammation qui se propage par l'intermédiaire de la rétine à la papille qui s'atrophie.

Fig. 2. — *Choroïdite diffuse avec rétinite et atrophie totale de la papille.*

La teinte jaune sale est plus apparente que précédemment et masque en partie le pointillé du tapis clair qui est raréfié et flou ; cependant une partie semble avoir été respectée.

Plaques de dégénérescence rétinienne autour du bord inférieur de la papille. Atrophie complète de la papille qui, blanc jaunâtre, ne présente plus que deux vestiges de vaisseaux. Bande d'aspect cicatriciel.

Un an plus tard, l'inflammation choroïdienne ayant fait des progrès, il survint du trouble de l'humeur vitrée, de la cataracte et de la phtisie oculaire.

PLANCHE VI

Fig. 1. — *Choroïdite disséminée* (phase exsudative).

« D'une façon générale, les foyers inflammatoires ayant pour siège la choroïde se reconnaissent à ce que les vaisseaux rétiniens passent librement, sans interruption, au-devant d'eux.

« Les foyers récents sont, ou bien blanc jaunâtre, ou bien blanc grisâtre, et présentent des contours indécis. La migration du pigment change bientôt cet aspect ; le foyer s'entoure d'un cercle noir, ou bien encore possède du pigment au niveau de son centre même. » (Haab, *Atlas manuel d'ophtalmoscopie*, trad. fr. de Terson et Cuénod.)

Si nous avons rapporté ce passage, c'est que, chez le cheval, tout se passe comme chez l'homme, et les deux figures de la planche VII en sont une preuve.

La figure 1 représente le fond de l'œil d'un jeune cheval avec des foyers gris blanchâtre, à contours vagues et à la surface desquels passent les vaisseaux rétiniens. La présence de ces plaques permet d'éclairer très bien le tapis sombre et de se rendre compte de tous les détails.

Cette figure présente en outre un *tapis clair à « cellules jaunes »*.

Fig. 2. — *Choroïdite disséminée* (phase atrophique).

Nous sommes en présence de l'œil précédent examiné un an plus tard. Les foyers récents de choroïdite se sont transformés en plaques blanches d'atrophie. Les plaques sont nettement limitées par du pigment qui, en outre, s'est accumulé au centre. En deux points, les foyers se sont réunis pour former deux larges plaques semées de taches pigmentaires et parcourues par des bandes rouges qui sont des vaisseaux choroïdiens.

La lame criblée, bien apparente, donne à la papille une teinte jaunâtre qu'on rencontre dans un assez grand nombre de cas, en dehors de toute altération.

(Le tapis clair diffère du précédent, pour montrer les nombreuses variétés qu'on rencontre dans l'aspect de cette région.)

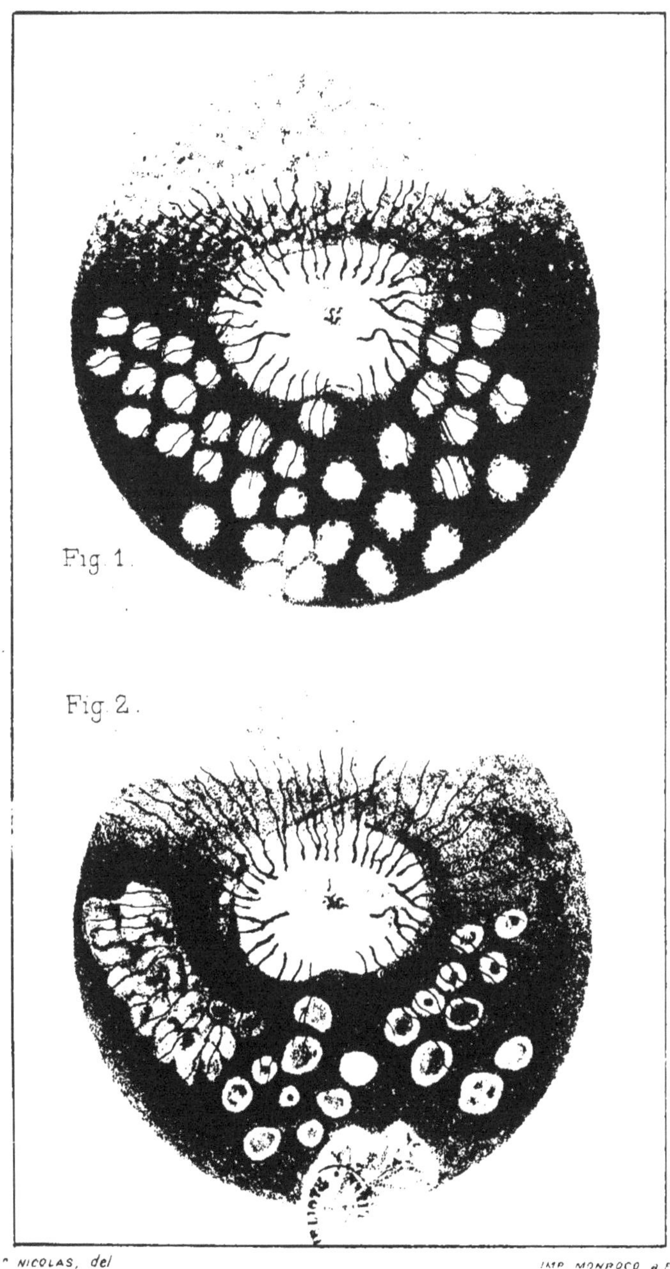
Fig. 1.

Fig. 2.

Dr NICOLAS, del

IMP. MONROCQ à PARIS

Fig. 1. } CHEVAL { Choroïdite disséminée
d° 2. } { ..... d° ..... d° .....

J. B. BAILLIÈRE ET FILS, à PARIS

NICOLAS ET FROMAGET. Planche VIII.

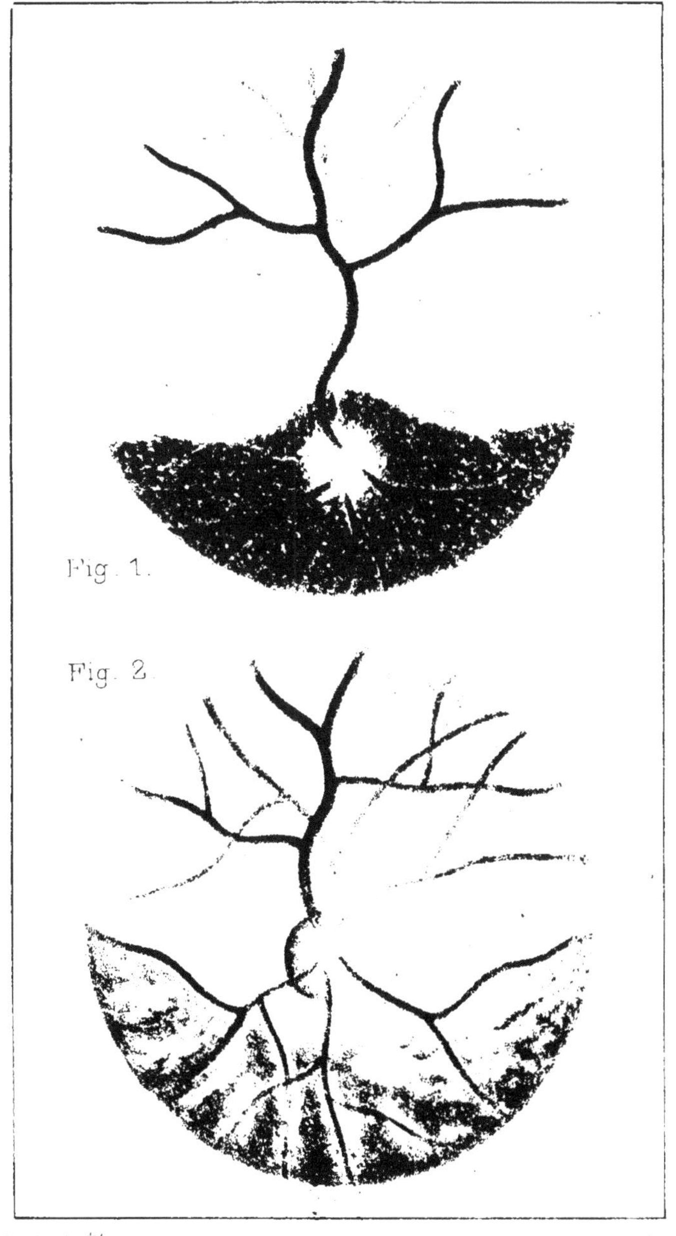

Dr NICOLAS, del. IMP. MONROCQ. 3 PARIS

Fig. 1. _ BŒUF _ MOUTON _ Fond d'œil normal.
d° 2. ______ CHÈVRE ______ d° d°

J. BAILLIÈRE ET FILS à PARIS

PLANCHE VIII

Fig. 1. — *Bœuf. Mouton. Fond d'œil normal.*

Les vaisseaux rétiniens sont, comme chez l'homme, distincts en artériels et veineux, ceux-ci beaucoup plus gros et plus foncés. Ils s'étendent aussi beaucoup plus périphériquement que chez le cheval.

Fig. 2. — *Chèvre. Fond d'œil normal.*

PLANCHE IX

Fig. 1. — *Chien. Anomalie congénitale.*

La papille est nettement triangulaire.

Le tapis sombre est très peu pigmenté et le pigment choroïdien, groupé autour des vaisseaux, leur forme une bordure qui les rend bien apparents.

Fig. 2. — *Chat. Fond d'œil normal.*

On voit dans le tapis sombre des ilots de dépigmentation laissant apparaître le tapis sous-jacent.

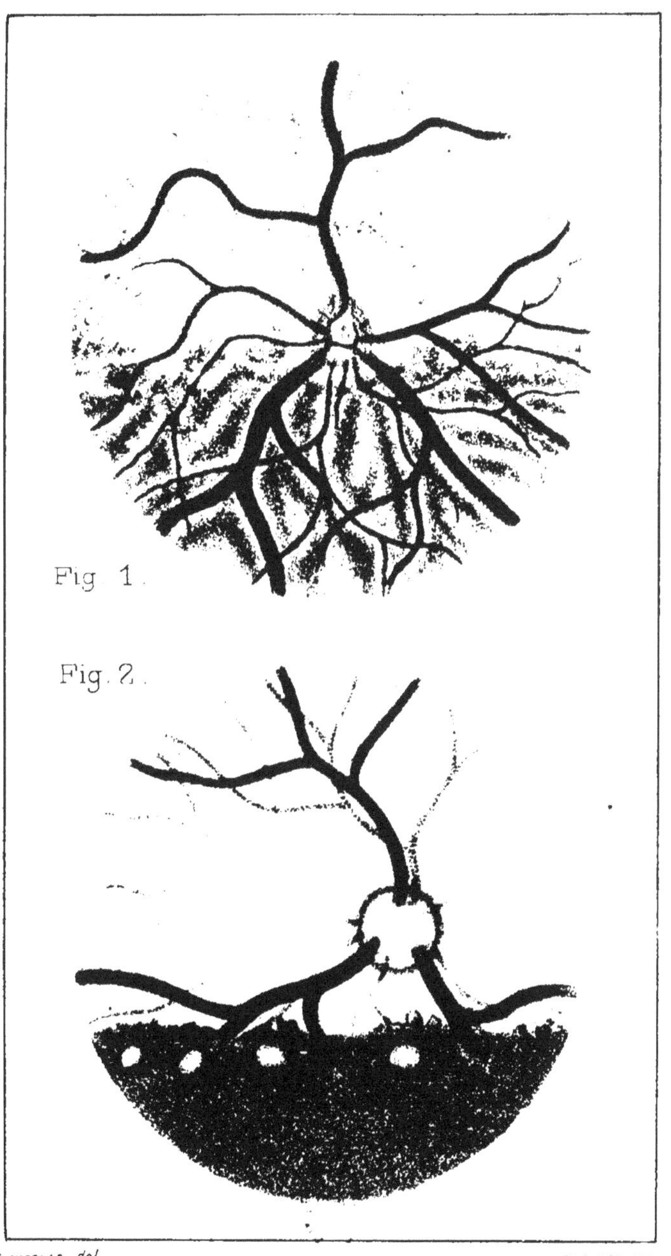

Dr NICOLAS, del
IMP. MONROCQ à PARIS

Fig. 1. — CHIEN — Fond d'œil normal
d° 2. — CHAT — d° d°

J. B. BAILLIÈRE ET FILS, à PARIS

INDEX BIBLIOGRAPHIQUE

Badal (J.). Clinique ophtalmologique. Paris, 1879.

Bayer. Bildliche Darstellung d. gesunden u. kranken Auges unserer Hausthiere. Wien. 1892.

Bernard et Hocquart. Technique de l'ophtalmoscopie chez le cheval (Archives vétérinaires, 1882).

Bouchut. Atlas d'ophtalmoscopie médicale et de cérébroscopie, avec 14 planches chromolithographiées. Paris, 1876.

H. Bouley. Art. *Amaurose* du Dictionnaire pratique vétérinaire.

Cadéac. Séméiologie, diagnostic et traitement des maladies des animaux domestiques, t. I et II. Paris, 1894. *Encyclopédie vétérinaire.*)

Carrère. Des chevaux peureux (Rec. d'hyg. et de méd. vétérin. militaires, 1892). — Amaurose due à une atrophie de la papille (Bull. Soc. centrale vétérin., 1892). — Atrophie papillaire avec choroïdite atrophique (Rec. de Mém. sur l'hyg. et la méd. vét. milit., t. XVIII, 1896).

Chatin (Joannès). Les organes des sens dans la série animale, leçons d'anatomie professées à la Sorbonne. Avec figures. Paris, 1880.

Chauveau et Arloing. Anatomie comparée des animaux domestiques. Paris, 1890.

Chelchowski. Nouvel ophtalmoscope vétérinaire (Rec. méd. vétérin., 1891).

Chiewitz. Untersuch. über die Area centralis Retinae (Arch. f. Anat. und Physiol. 1889. Macula lutea et fovea centralis. Structure et variations morphologiques dans la série des vertébrés).

Desmoulins. Mémoire sur l'usage des couleurs de la choroïde dans l'œil des animaux vertébrés (Journal de physiologie expérimentale, t. IV, 1824).

Galezowski (X.). Traité iconographique d'ophtalmoscopie, avec atlas de 28 pl. chromolithographiées. Paris, 1886.

Haab. Atlas manuel d'ophtalmoscopie, édition française, par Albert Terson et Cuénod. Avec 64 planches chromolithogr. Paris 1896.

Labat. Pseudo-amaurose déterminée par la choroïdite et l'atrophie de la papille sur un cheval (Bull. Soc. centrale vétérin., 1892).

Möller. Lehrbuch der Augenheilkunde für Thierärzte. Stuttgart, 1892.

Mouquet. Anomalie et atrophie de la papille (Rec. méd. vétérin., 1895).

MOUQUET et BENJAMIN. Congestion cérébro-spinale chez un cheval suivie de l'atrophie descendante des nerfs optiques et de paralysie du pénis (Société centrale vétérinaire, 1897).

NICOLAS. Le fond de l'œil normal chez le cheval et les principales espèces domestiques. Thèse de Bordeaux, 1896.

PANAS. Traité des maladies des yeux. Paris, 1894.

RAYNAL. Art. *Fluxion périodique* du Dictionnaire pratique vétérinaire.

ROLLAND. Leçons sur la fluxion périodique. Paris, 1891. Nouveau guide pour l'examen pratique de l'œil fluxionnaire. Paris, 1892.

SCHLAMPP. Leitfaden der klinischen Untersuchungs-Methoden des Auges, etc. München, 1889.

SMITH. De l'ophtalmoscopie vétérinaire (The Journal of comparative Pathology, 1894).

TESTUT. Anatomie humaine. Paris, 1896.

TONDEUR. Recherches à faire sur l'amétropie chez les animaux (Journal de l'École vétérin. de Lyon, 1889).

TOURNEUX. Contribution à l'étude du tapis chez les mammifères (Journal de l'anatomie, 1878).

TRUC et VALUDE. Nouveaux éléments d'ophtalmologie. Paris, 1896.

VACHETTA. Trattato di Oftalmojatria veterinaria. Pisa, 1892.

VAN BIERVLIET et VAN ROOY. De l'ophtalmoscopie chez le cheval, à propos de l'ophtalmie périodique (Annales de méd. vétérin., 1862).

VIOLET. Fluxion périodique et ophtalmie interne (Journal de l'École vétérin. de Lyon, 1882-83-84).

TABLE DES MATIÈRES

9557-97. — CORBEIL. Imprimerie ÉD. CRÉTÉ.

www.ingramcontent.com/pod-product-compliance
Ingram Content Group UK Ltd.
Pitfield, Milton Keynes, MK11 3LW, UK
UKHW020310180726
13839UKWH00001B/425